宇宙的第一缕光

[意] 罗伯托·巴蒂斯顿（Roberto Battiston） 著

李禾子 译

海南出版社

·海口·

LA PRIMA ALBA DEL COSMO

© 2019 Mondadori Libri S.p.A.,Milano

版权合同登记号：图字：30-2022-096 号

图书在版编目（CIP）数据

宇宙的第一缕光 /（意）罗伯托·巴蒂斯顿
(Roberto Battiston) 著；李禾子译 . -- 海口：海南
出版社，2023.4
ISBN 978-7-5730-0515-1

Ⅰ.①宇… Ⅱ.①罗… ②李… Ⅲ.①宇宙–通俗读
物 Ⅳ.① P159-49

中国版本图书馆 CIP 数据核字 (2022) 第 239167 号

宇宙的第一缕光
YUZHOU DE DI-YI LÜ GUANG

作　者：［意］罗伯托·巴蒂斯顿（Roberto Battiston）
译　者：李禾子
出 品 人：王景霞
责任编辑：张　雪
策划编辑：刘长娥　崔子荃
责任印制：杨　程
印刷装订：北京兰星球彩色印刷有限公司
读者服务：唐雪飞
出版发行：海南出版社
总社地址：海口市金盘开发区建设三横路 2 号　　邮编：570216
北京地址：北京市朝阳区黄厂路 3 号院 7 号楼 101 室
电　话：0898-66812392　010-87336670
电子邮箱：hnbook@263.net
经　销：全国新华书店
版　次：2023 年 4 月第 1 版
印　次：2023 年 4 月第 1 次印刷
开　本：880 mm×1 230 mm　1/32
印　张：8.25
字　数：145 千字
书　号：ISBN 978-7-5730-0515-1
定　价：68.00 元

我真正想知道的是，
神在创世之际是否有过选择。

——阿尔伯特·爱因斯坦

Contents / **目录**

太阳和太阳系的故事开始于约 45 亿年前，迄今为止，太阳转换了约等于地球质量 100 倍的能量，这一惊人数字也相当于太阳自身质量的 0.03%。

我们似乎总是难以抑制地将这个时间节点上的太阳系认定为与众不同，并相信它和宇宙的其余部分一样，是为了我们才从混沌中演化出此刻的秩序。

我们的存在，依赖于自然演变的时间节奏缓慢，但人类对气候造成的影响，却将这一切无限加速了。

我们从哪里来？尽管科学家和哲学家们尝试以多种方式提供了五花八门的答案，但从严谨的科学角度上说，我们并未取得显著的进步。

生命，可能并不需要通过如岩石般巨大的飞船进行星际移动；外星人，也可能只是某种自古与我们共存的特殊生物形态。

我们再也没有理由将地球视作一颗典型行星了，因为在观测了成千上万个案例后，我们发现，许多行星都具有自己鲜明的特色。

[1]

越过地平线的光

人类翻越知识地平线的历史

　　拂晓 [alba（意大利语）]。一个被诗人所歌颂的奇妙时刻，一个划分了先后概念的密集瞬间，黑暗与光明由此分离。太阳抵达之前所绽放的第一束微光——长久以来，拂晓一直被如此想象、传颂着。那是在我们的地球直面太阳之前提早到达的漫射光。无论是童年时期令我们惊叹的第一次晨曦，还是从海面甲板上观察到无数次的曙光，或是国际空间站（ISS）舱窗中因轨道速度[1]而得以欣赏到的每天 18 次黎明，抑或是小王子那个日出日落随心而定的小星球所带来的想象——拂晓时分，将静止与运动微妙融合。如同荡到最高

----

[1] 轨道速度，一般是指行星、天然卫星或人造卫星以及聚星系统中的恒星的轨道速度，是指该天体环绕系统的质心（通常是一个较大质量的天体）运转的速度。这里指航天器的绕地飞行速度。（本书无特别说明的注释均为译者注）

点的秋千和不经意间抵达第一个陡峭下坡的过山车，"拂晓"
也意味着即将到来的未知前方。

然而我们都知道，事物的本质与其表象不尽相同。黎明
的曙光看起来是在朝着我们奔来，但其实是我们随着地球转
动向光而行。升起的是我们，而不是太阳，是我们终于潜行
至这颗恒星的光锥之下，从地球每晚为自己投下的阴影中走
出。同理，科学也是如此颠覆我们的视角，引导着我们去揭
晓那些往往偏离大众常识的真相。

若拂晓意味着开端，那么，希望本书能伴随各位前去探
索一系列的起源，揭秘未知，打开视野。我们将从这段旅程
中知晓人类对事物的理解如何改变，如何从另一个角度对事
物进行观察。

科学渴望突破已知的极限，一如探险家寻觅新大陆。科
学探索不仅向着空间也向着时间延伸，旨在了解事物本质，
探明规律法则，调查前因后果。正是得益于科学，近几个世
纪以来，我们对世界的看法和对自身在宇宙中的定位，产生
了翻天覆地的改变，开拓了前所未有的领域。这是一次巨大
的努力，不仅凝结了杰出人才的智慧与奉献，也囊括了大半
个科学界的辛劳付出。这场付出带来了令人惊喜的成果，意
义非凡：我们的思想，在无数次尝试和错误之后，终于一步
一个脚印地从流传千年的迷信和极具欺骗性的表象直觉中解

脱。这来之不易的知识曙光，在新的探索发现基础上，将迈过人类那些被理性思维和实验验证所超越的腐朽理念。

本书将伴随读者进行一场旅行，试图寻觅甚至超越知识的极限：我们将在最宏大和最微小的尺度里探秘宇宙，走近时间的起点，眺望遥远的未来。我们将就此探问，生命是否来自远方，又是否能够在未来宇宙探索中继续它的旅程。

我们将借此了解那些曾经在宇宙探索之旅中助我们一臂之力的科研技术，同时我们也将介绍几个揭秘了宇宙法则的科研实验。

宇宙不会轻易揭示其奥秘。恰恰相反，它迫使渴求答案的寻访者踏上一条艰险异常的道路。不仅如此，在这场障碍重重的探索中，通常最大的敌人正是我们自己。人类这样一个非凡的物种，拥有着不知疲倦的好奇心和无可比拟的探索欲，在物质世界和精神世界里开疆辟土；与此同时，人类又是根深蒂固的保守主义者，全副武装时刻戒备，将每种文化维持在现状——我们总是迫不及待地，将求知的荆棘之路上所遇见的任意停靠点判定为唯一确切的终点。科学进程最重要的转折点之一是哥白尼革命，它将地球从自古流传的宇宙中心宝座拉下——事实上早在亚里士多德的年代就已经出现了各种反对声音——由此开始了一次全新的宇宙定位，并被沿用至今。我们在这一幻象中沉溺了千年，始终坚信自己是宇宙的中心，享受着这个特意为我们而创造的、独一无二的世界：日月星辰围绕我们旋转，臣服于人类这样一个奇妙却又并不完美的创造物。

让我们回想一下，早在公元前 3 世纪，萨摩斯岛的天文学家阿里斯塔克[1]（Aristarchus）就已经提出太阳相对于地球运动的轴心地位，但未能巩固其论点，也正是因此而被忽视了近 20 个世纪。从中得以一窥我们自以为是的宇宙中心地位是如何建立起知识探索中最难以逾越的壁垒之一的——唯有将其打破，才真正标志着我们跨越了古代文明，迈向现代文明。

在破坏了托勒玫体系[2]的美洲大发现几年之后，地球仍然顽固地坚守在宇宙中心：在它周围旋转着行星、太阳和恒星天球。直到 1609 年，伟大的伽利略才通过观测证实了哥白尼假说，在开普勒定律和牛顿原理[3]之间建立起了一座真正的桥梁，由此开始逐步拆除我们错误安置的人造基石。不过即使是伟大的哥白尼革命，也曾被当时年代的偏见所禁锢：

---

[1]　阿里斯塔克是史上有记载的首位创立日心说的天文学者，他将太阳而不是地球放置在整个已知宇宙的中心，他也因此被称为"希腊的哥白尼"。
[2]　托勒玫体系，即由古罗马天文学家托勒玫所主要论述的地心说。
[3]　这里指牛顿的著作《自然哲学的数学原理》。

当时人们普遍相信世界的不变性，无论是凡间或是异界。简而言之，当时的我们仍沉浸在一种人类中心主义的视角之中，并借此将身处的世界认定为旅程终点和安稳现世。

此后，一系列轰动的创新科研成果为人类的认知带来了全新突破，将我们从各类迷信中解放。从 19 世纪下半叶达尔文的物种进化理论，到 20 世纪初魏格纳的板块构造理论，直至 20 世纪前半叶哈勃的宇宙学，我们开始逐渐理解进化演变的节奏——无论是与自身相同的生物，还是曾因相对人类而言改变速度过于缓慢而被我们轻易视为静态的非生物。

今天我们已经知晓人类所生活的宇宙时刻处于变化之中：它在百亿年间不停地发展演变，其中的生命与无生命元素皆在不断进化和变异。它的故事如同一本书，其中许多章节尚待写就，而已经完成的部分则仍未被彻底参透。正如伽利略所言，只有熟知其所使用的数学符号和语言，我们才能真正理解这本书。在这个故事里，人类和地球的章节恐怕只占据了一个微不足道的篇幅——尽管这一切在我们自己眼里多么意义非凡。

宇宙探索充满了尝试、紧张、期待、疑惑，以及令人激动的成功——这些探索掀起了名为"无知"的面纱，打开了更为广阔的求知道路，并不时引发无法预知的结果。另一方面，物理、生物、太空探索、现代信息技术的使用及研究等领域所带来的科研革命，以愈发紧迫的节奏持续为我们拓宽着视野：现在我们每天都能获知重要的科研进展与成果，那来自全世界数十万研究人员的劳动结晶。也许未来某一天，会有人指出当今科学的局限与不足，但这正是进步的基础。显然我们正处于一个振奋人心的时代，无数知识的地平线正被我们急速翻越。

如果拂晓代表着新事物的横空出世与未完成形态之间的张力，那么我觉得，这似乎是对"探索"一词极好的隐喻——它意味着持续面对全新的答案，以及从中衍生出的全新问题：我们对宇宙的理解也因此不断更新，陆续迎接着更为广泛的疑惑和难题。

2

旅伴

巨人肩膀上的巨人

如同每次探险之前需要精心收拾行李一样，我们需要明白带什么东西上路，而谁又将与我们同行。就许多方面而言，20世纪可谓物理学的世纪，一系列科学巨匠的发现带领着物理开始了令人惊叹的发展。仅19世纪末到20世纪初的50年间，就涌现了麦克斯韦、普朗克、爱因斯坦、玻尔、薛定谔、海森堡、泡利、狄拉克、费米和哈勃等一系列伟人，他们为科学进步做出了重大贡献。在研究原子、原子核和基本粒子的过程中，物理学致力于钻研无限小，在十亿分之一纳米的尺度上，揭秘了量子力学出乎意料的局限性和不可思议的可能性。这场知识演化，在20世纪末为我们带来了所谓的基本粒子及相互作用的标准模型，堪称伽利略方法[1]在现代的胜利——而这一切，将最终在随后介绍的欧洲核子研究组织（CERN）的希格斯玻色子发现中，达到顶峰。

　　同样，天体物理学和宇宙学，也在过去这100年里取得了巨大进展。愈发强大的仪器，在短短半个多世纪的时间里被直接放置于太空，这使我们有机会以惊人的细度探索宇宙，并将观测拓展至遥远的大爆炸（Big Bang）时期，即138亿年前。根据普朗克卫星对某片年龄仅37.9万年的幼年宇宙进行观测后所提供的最新数据，宇宙学标准模型的有效性，在微观和宏观层面上，都得到了验证：而这个模型，正是建立在一场剧烈膨胀上，那就是著名的大爆炸。关于它的成因，我们可以尝试从已知的空间、时间、物质和能量的性质入手，在量子力学的框架下进行研究。

　　无限小，实际指的是十亿分之一纳米；而无限大，则是几百亿年内光所传播的距离——这二者就是我们今天在量子物理学和天体物理学上所面临的实验极限。虽然我们总共使用着超过40个数量级（把一个数字乘以10便会得到更高一

---

[1]　伽利略之所以被称为现代科学之父之一，得益于其设计的科学研究方法。伽利略在《试金者》中曾提到，科学的两大基本工作是分析与总结——第一项将现象解构成简单可量化的元素，并就此提出数学假设；第二项则需要通过实验模型进行验证并从中总结出定律。伽利略的名言"合理的观察与必要的验证"指的正是这种研究方法。

级的数量级），但我们所能研究的极限尺度却始终未能触及数学中惯用的"无穷"（infinite）。类似情况也同样发生在如时间和能量等其他物理量中。这就是我们尝试翻越的知识边界，我们想要看看在这之外所发生的一切：大自然将会有怎样的表现，我们在海格力斯之柱[1]这一边推导出的规律，是否也同样适用于那一边。

今天的极限似乎的确难以克服，但值得一提的是，我们早在过去就曾有过类似错误的预感。我们目前所能观测到的距离，几乎可以说是远未及宇宙的大小。从大爆炸至今的时间里，光只传播了一段有限的距离，而我们对此之外的其他区域一无所知。所以，我们没有任何理由相信宇宙未曾进行大幅延伸——因为事实上其扩张远超出我们的观测范围。

那些越来越微小的尺度同理。研究尺度越微观，我们就越依赖于日渐强大的显微镜。现代显微镜被称为"粒子加速器"，例如欧洲核子研究组织发现希格斯玻色子时所使用的那台。粒子加速器虽然威力巨大，但其效果却受制于机器中所使用的粒子束能量，而在某些情况下，科学家们则会尝试利用来自宇宙深处能量极高的辐射来克服这些障碍。在这一领域中，实验分析尚无法到达的地方，我们只能通过理论研究

---

[1] 海格力斯之柱在西方古典文学中代表已知世界的尽头，在地理意义之外，隐喻知识的极限。

尝试了解时空究竟是离散的还是连续的，以及那掌控着微观世界的量子涨落。

但无论如何我们已经向前迈进了不少！仅 100 年前我们还未知晓其他星系的存在，大约 200 年前我们都未曾想象过 1.3 万光年之外的恒星，而大约 500 年前我们甚至还在相信是太阳围着地球旋转的。

感觉还好吗？其实并不尽然。尽管取得了这一系列巨大进展，但从某种意义上说，我们并没有从起点走出多远。我们的疑惑与古希腊哲学家所问之事相差无几。物质由什么构成？它是否可以被无限分割？世界作为一个整体是无止境的吗？是万物在保持周期性一致，还是宇宙在持续变化？我们能从观察中认识现实，或看透表象背后的本质吗？随着实验科学的发展，我们所处的环境也发生了改变；在伽利略之后四个世纪的今天，我们终于明白了如何向大自然提问，也学会了如何阅读写就其奥秘之书的数学文字。

[3]

宇宙法则

力、时空和质能在此统一

今天我们已经有能力解答某些重大问题，曾几何时，这些答案还被看作是牵强附会，因为想要解答它们必须对事物本质和宇宙规律有更为深入的认知。物理学的一部分通用定律为我们搭建了坚实的基础，在此之上，我们逐渐构筑起对现实不同层次的理解。狭义相对论，将牛顿动力学拓展至相对速度接近于光速的极限条件；广义相对论，则将万有引力应用到相对论的案例中；而量子力学，更是对微观尺度下测量过程的特点和限制进行了严谨的描述。[1] 此外我们还有统计力学的各类定律，尤其是热力学第二定律——它详细描述了

----

[1] 量子力学与经典力学的一个主要区别在于怎样理论论述测量过程。在经典力学里，一个物理系统的位置和动量可以同时被无限精确地确定和预测：这意味着在理论上，测量过程对物理系统本身并不会造成任何影响，也可以无限精确地进行。在量子力学中则不然，测量过程本身会对物理系统造成影响。

多粒子系统的无序性，以及它随时间推移而势不可挡地增长。这些基本定律表明了在微观和宏观层面上一部分物理量的守恒特质，同时也为宇宙万物制定了在所有时间、地点和其他条件下都必须遵守的规则：能量、动量或者说线性动量（运动物体的质量和速度的乘积）、角动量（旋转运动的动量）和电荷。此外还有另外一些已知守恒量，在尚未观测到的某些特定条件下，将可能不再守恒。例如电子和中微子等被称作轻子的粒子，和与其相对、拥有相反轻子数的反粒子；还有如质子和中子等被称作重子的粒子，及与其拥有相反重子数的反粒子。而对于其他类型的粒子守恒定律则不再适用，例如那些携带基本力的粒子，尤其是光子，它作为电磁力的媒介子，可以被不计其数地创造或破坏。

这一系列坚实的物理定律是几代科学家努力的结果。今天我们之所以能够享受这般风景，正是因为我们站在巨人的肩膀上，而巨人又站在了其他巨人的肩膀上。值得铭记的是，我们收获这一成果的时间十分短暂——与年纪长达百亿年的宇宙相比，也就不过一眨眼的工夫。

我们的大脑已经习惯了探究以数十亿年计的时间和以光年为单位的长度——一光年约等于太阳系直径的 350 倍——而今天我们的语言也囊括了足以承载非常大、非常小、非常慢与非常快的词汇和概念。正是得益于此，我们宇宙的历史才能被转述成引人入胜的故事。而更加精彩的是，这个故事的部分甚至全部，都将通过人类智慧的发明——那无论是现在还是未来都值得与全种族共享的工具和方法——得到验证。我们将会把这个故事和研究工具一起传与子孙后代，让他们继续进行科学研究，为自然之书写下新的篇章。

根据我们目前对物理定律的理解，用于描述宇宙的因素只有几个。

只有力、能量与质量、时间与空间。

爱因斯坦用狭义相对论和广义相对论，一方面为我们提供了质能等价的证据，另一方面也展示了空间、时间和引力之间的紧密联系。如此一来，这已然短小的名单就概念而言又将再次缩减。简短，并不意味着简单，一如我们随后即将看到的那样。站在当代科学的角度上看，它们揭露了许多曾被古代思想家们所忽视但却对描述我们的宇宙有着非凡意义的惊人特性。

让我们来回忆一下力的概念：我们对什么是力有着直观的体验，它迫使物体以与不受力条件下不同的方式移动。牛顿在 17 世纪便以自己的力学定律解释了这一切。在这位伟大的英国物理学家之后，量子力学扩展了这一理论，引入了力场的概念，填补了相互作用的电荷之间的空间——它们通过被称为介质的粒子进行传播，与物质进行相互作用。想象一下空旷空间和超距作用，量子理论为力带来了一个截然不同的定义。目前我们已证实的基本力种类有限，准确来说仅有四种：引力、电磁力、弱相互作用力和强相互作用力（简称"强力"）。至于为什么只有四种，以及为什么它们的强度和覆盖范围天差地别，则无从知晓。不过我们知道，正是归功于它们，物质才能井然有序地分布于宇宙的各个尺度中。

至于质量，则在现代物理世界的描述中起着核心作用。自古希腊时期开始，我们便一直认为物质由微小不可分割并具有重量的点状粒子构成。直到牛顿的出现，才为我们揭露了质量和重量之间的差别：根据他的第二运动定律，惯性质量是联系力与加速度的物体属性，而在万有引力中，引力质量则是产生和承载重力的作用物。爱因斯坦在其广义相对论中将这两大质量统一，赋予引力扭曲时空的重要能力。

在狭义相对论的发展过程中，爱因斯坦注意到质量的另一个惊人属性——它可以转化为能量，反之亦然。著名的方程 $E=mc^2$ 讲的正是，如果我们取一定千克数的质量，乘以光速的平方（一个极大的数字），就可以得到（巨大的）能量（以焦耳为单位）。显然，想要实现这一转变，必须具备特定条件，如核聚变或核裂变。不过同时，我们也可以把粒子质量看作一个足以容纳巨大能量的容器，在适当条件下便会加以释放。此外，量子力学将具有质量的基本粒子视为波，采用了一种令人惊奇的概率性描述——虽然不易掌握，但却卓有成效。

能量，同样也是一个直观的概念：它与物质的运动（动能）及倾向（势能）相关，做功或是吸收。能量，甚至可以是正值或负值：动能即由物体运动所产生的正能量，重力势能即两个物体被彼此间的引力束缚时所产生的负能量。我们随后将看到，这一点在定义宇宙的最初时期起到了多么关键的作用。

惊喜还没有结束。我们所见证过的最深刻的概念革命，正是爱因斯坦对于空间和时间的定义，他将二者在狭义相对论和广义相对论中进行了统一。我们知道，时间，一直以来都是各个历史时期哲学家和思想家所热衷讨论的话题：从"我知道时间是什么，但当别人向我问起时我却无法解释"[1]的奥古斯丁，到基于"绵延"区分了"意识时间"和作为"外部时间"表征的一系列并列瞬间的柏格森，以及不可忽视的康德——他提出时间和空间一样，并非源自经验的概念，而是"先天综合判断"。而爱因斯坦对时间的描述，同时也是我们在本书中唯一涉及的学说，则剥离了与人类思想或意识状态相关的所有特征。他以一种极为务实的方式，将时间

---

[1]　出自奥古斯丁的《忏悔录》，他在其中对时间的概念做了专门论述。

（以及空间）的概念重新带回到物理世界规定严格的程序中：以光、时钟和规则为基础，精准地定义时间（或空间）间隔。爱因斯坦的方法将时间与空间引入了几何描述，因此它们的间隔也不再是绝对的而是相对的。测量这些间隔类似于从不同角度观察一个几何形体：在时间（和空间）中，这个观察视角则被一个观测者向另一个观测者移动时的相对速度所代替，而在存在引力场的情况下，还要加上质量对时空结构曲率所造成的影响——这意味着，在适当条件下，比如黑洞附近，时间将停止流动甚至消失。而在爱因斯坦的理论提出之前，这一切却从未被考虑在内。

最后我们终于来到了空间。表面上看来最显而易见的东西，也许却最为神秘莫测、难以捉摸。首先，物理空间被赋予了属性，并非简单的物体容器。在空间里，质量会进行移动，光会进行传播。真空，为量子力学的虚拟状态提供了发酵场所。空间可以自行曲折、自行闭合，排除任何外部空间对其进行观测的必要。不过，空间还有很多其他属性，它们都在爱因斯坦的广义相对论方程中被表述，其中之一便是度量，即定义距离尺度的量。为了理解这一点，让我们来假设一个具有一定半径的球体，我们在其表面上每隔10米做一个记号。接着让我们来设想一下改变这个球体的半径：假如将其翻倍，则每个标记之间的距离同样翻倍；假如将其减半，距离也随之按比例缩短。球体表面上两个记号之间的距离便是球面的度量。曲率的改变不会影响记号的数量，改变的只是它们之间的距离。广义相对论把引力的作用描述为对时空度量的影响：引力越强，曲率半径就越小，空间也就越扭曲，反之亦然。但是能量是始终守恒的。在曲率度量中所储存的能量，对应着引力场的能量：随着度量的改变，空间内的质量也随之开始进行能量交换。当球面的曲率半径发生变化，位于球面上的物体会怎么样？相较于体型庞大的球体而言，这些几乎可以被看作点状物体的内部并不受到变形的影响，改变的只是它们与遥远物体间的距离。同时，如果曲率半径随着时间持续变化，那么两个物体在球面上相距越远，则它们之间的相对速度就越大。

度量，作为空间的几何特性而非类似质量或能量的物理量，还享有另一大独特属性：它的变化速度不受狭义相对论的限制。正是得益于度量及其特性，爱因斯坦的时空才具备了在牛顿力学理论里不曾拥有的基本自由度。

爱因斯坦的空间就像游乐园的蹦床一样可以变形。自宇宙诞生以来，度量的变化就一直伴其左右，并随着宇宙演化的不同阶段显著改变着节奏：正如我们即将看到的，由于度量扩张的速度远超光速，宇宙在诞生之初经历了极其短暂的暴胀阶段。经过几十亿年的匀速扩张之后，约 50 亿年前，度量扩张又再次在宇宙距离内加速，并形成了与今日宇宙相当的大小。此外，正如引力波，那样，大质量物体的剧烈加速也会引发度量变化：爱因斯坦早在1915年广义相对论中便对其有所预言，但直到一个世纪后它才被揭开了神秘面纱。

时空、质能以及基本力，这场宇宙盛会的主角，都受制于相互作用力的基本定律。这些基本元素组成了千变万化、形态各异、晦涩复杂的宇宙——它并不是相似结构的无数次重复，而是少量元素之间无数次组合所演变而成的万千形式。正是在这样一个繁复且看似愈发混乱而急需秩序的宇宙之中，浮现了许多科学初次面对的课题，点燃了我们的好奇心：例如生命的起源以及生物的进化、宇宙中其他生命形态的存在，以及描述这一复杂整体的法则定律。

在随后的章节中，我们将对上述课题中的一部分进行介绍。不敢说是系统性讲解，只希望能激发诸位读者对宇宙这一话题的兴趣。当今科学急速发展，寥寥数语难以描述这个领域的持续性进步，相信每天的新闻报道都已经充分表明了这一点。为了在今天这样一个科学技术愈显重要的世界里摸清方向，当务之急，便是从海量激发我们好奇心但却无法满足我们求知欲的科技发展中，总结出关键内容，加深、拓展我们对基本元素的认知。

[4]

认识无知

科学的极限

知识是否有边界？我们已知的一切相对未知而言，是更多还是更少？显然，没有人能对此给出答案——即使人类总会周期性地产生错觉，自以为已将自然之书尽数翻阅。从伽利略开始直到牛顿的科学革命，为我们带来了实验方法和力学原理，我们借助这些强有效的工具来探索物理最为晦涩的领域，面对最为悬殊的尺度差异。我们有理由相信，当某种智慧能够理解世界构成的每一部分和斡旋其中的各股力量时，便能够从过去的走向中准确预知未来。在 17 世纪，人们将神看作宇宙的钟表匠，而科学则用于揭示其奥秘，并教导人类对与自身相关的部分进行掌控——这种宇宙视角我们可称之为机械论。它至今仍普遍存在于大众认知中，而不仅限于精密科学领域。

在 20 世纪最初的十年间，量子力学的到来彻底改变了人类看待事物的方法，令苟延残喘的机械论陷入了危机。对微观物质（原子和亚原子粒子）的研究，迫使科学家们重新分析物理现象的测定过程，赋予其更为深层的含义。这一分析让他们惊奇地发现了物理世界那隐秘的概率论根基。此外同样令人不安的事实还有，原来，只有可观测量[1]才能被用于物理理论论述。也正是在那几年间，海森堡提出了著名的"不确定原理"：在自然界中存在着成对的变量——例如一个物体的位置及其动量（运动物体的质量和速度的乘积）——二者无法同时在任意小的精度下被确定，而这两个量的计算误差相乘，则将无可避免地得出一个大于普朗克常数的数字。我们可以想象一颗从枪口射出的子弹，这条原理说的正是，如果你试图以高精准度去定位子弹沿弹道移动时每一瞬间的位置，那么你将失去对其速度的把控，反之同理。对于一颗子弹而言，其影响效果微乎其微，但当我们将其应用于电子上时，这一后果便会为定义电子在两点之间的移动轨迹带来难以逾越的阻碍。而电子在各种意义上都展现了与波相同的特性。

　　就其本身而言，量子力学是一个坚实无比的理论：原子本身的结构同样受到不确定原理的直接影响。然而，爱因斯坦却从未接受这样一个观察事物的视角——他在长达 30 年的

───────────────

[1] 可观测量的物理学含义为可以被测量的动力学变量。例如（在绝大多数的系统中）：位置、动量、角动量、能量等。

时间里提出了各式各样的反对意见，而后又被一一推翻，其中一些研究甚至长达几十年，直至他去世之后才结束。

量子力学对于我们即将开启的探索之旅是极为珍贵的工具。它的基本理论使所有机械论都陷入了危机，同时推动着我们去反思，认识现实究竟意味着什么。

不过，限制我们认知的还有许多其他因素。知识的边界一直在移动，断断续续，零星分散，很难从中看出全局策略，即一个融会贯通全学科的知识领域。某些领域在飞速发展之后便进入了漫长的停滞期，而决定性突破往往需要十几年甚至几个世纪的时间来实现。今天，研究不再像过去那样是少数孤独的科学家或学术界的特权，它早已成为一项在全世界范围内开展、成千上万人参与其中的社会活动。即便如此，在某些进展有序且投入了大量人力财力的领域，例如研究基本粒子及其相互作用力的粒子物理学方面，我们依然还有很长的路要走。我们眼下的目标是，将所有的力和物质的基础形态合并在一个全面统一的框架内，以坚实优雅的数学定律和对称性[1]对其进行描述。但目前这还难以实现。这一切都

---

[1] 对称性是现代物理学中的一个核心概念。系统从一个状态转换到另一个状态时，如果这两个状态等价，则对系统而言这一变换是对称的。其目的是指出一个理论的拉格朗日量或运动方程在某些变量的变化下所维持的不变性。如果这些变量随时空变化而拉格朗日量或运动方程保持不变，则称这一不变性为"局域对称性"；反之，若这些变量不随时空变化，则称这一不变性为"整体对称性"。

将通过实验验证来为我们指明方向。同样在宇宙观测方面，物理学家与天体物理学家也在努力了解这样一个近 95% 被暗物质和暗能量所覆盖的宇宙——我们对此知之甚少，只能通过观测它们对恒星以及星系运动的影响来确定其存在。

　　这一切都令人回想起苏格拉底早在约 2400 年前便说过的话。他求知若渴，但也正是因为这样，他总感觉知识从自己手中溜走。柏拉图在其年轻时的作品《苏格拉底的申辩》中——我们对其师苏格拉底的大部分了解都来自于此——讲述了凯勒丰曾向德尔斐的传达阿波罗神谕的女祭司询问谁是世界上最有智慧的人，得到的回答是苏格拉底。苏格拉底自知不是，便准备前去证明神谕是错误的。于是他便与一系列被誉为智者的人进行了交谈：手工业者、诗人、政客等。但他的交谈者们在面对这位哲学家的激辩时，都暴露出了自身认知的局限和矛盾，彻底展现为一群蠢不自知的无知者。于是苏格拉底明白了为什么自己会被认定为最有智慧的人：他是唯一一个承认自己无知的人。

　　与之类似，对自身极限的无知也蔓延在当代科学中。现代科学方法建立在对假设和理论持续不断的实验验证上，其本身便隐含了失败的可能：一种科学理论，无论多么重要多么具有说服力，都可能被区区一个实验所驳倒；许多科学家都有过这样的经历，包括爱因斯坦。因此，在进行科学研究和对实验数据进行理论解读时，科学家应当自觉抱着谦逊的态度。考虑到在科学进程中我们曾多么习惯于"先入为主"，带着观念和偏见研究自然，以至这一点更显得尤为重要。

前面已经提到过我们耗费了多久才认清了自己在宇宙间的地位，但仅认识到我们活在一个不知名星系的某颗小恒星的某颗小行星之上还不够。最近 50 年来，我们甚至了解到，构成我们的物质，质子、中子、电子、光子和中微子，仅占现在宇宙物质总量的 5% 都不到；而剩下的 95% 则是一片漆黑神秘的"汪洋"，充满了物质和能量——是它们塑造了整个宇宙中的可见形态，而我们却在其中晕头转向。科学思想的进步似乎将我们推向了宇宙某个偏远寻常的小角落。然而这一说法本身也是种悖论——从根本上来讲，我们正处于一个不断膨胀的球体中央，其边缘则覆盖着大爆炸所遗留的辐射。从这仅仅看似优越的位置来说，我们所欣赏的宇宙，说实话，并没有中心。

反思这些问题时我不由自主地感受到人类的渺小，我们几乎就是浩瀚宇宙的一粒尘埃。这样一个脆弱的现存物种，被圈禁在一颗小小的星球之上——尽管这里的个体活跃，富有生产力，然而在这样一个演变了上亿年的广阔宇宙面前，我们的存在也不过昙花一现。正如卡尔·萨根（Carl Sagan）在《魔鬼出没的世界》中写的那样，人类这样一个物种，被来自远古进化与古老文化的顽固遗产——激情、迷信和恐惧所支配。而希腊哲学家的批判性思维诞生才区区 2000 年，科学方法也才影响我们的世界观不过几个世纪。在这些前提下，值得承认的是，虽然有着或多或少的局限性，今天的我们已经可以对宇宙进行观测和研究，了解它的起源与演变，也能够以批判性眼光对物质、力、空间和时间之间的紧密关系进行分析与推理。

在凝视万物之美的同时，科学家将继续为我们带来发现与知识之美。宇宙令人沉醉，但我们以公式或定律对其进行描述的表述方式也同样令人惊叹。正如我们之所以感觉自己是宇宙中心，并非出于傲慢无知，而是出于我们那宝贵的自我认知。

我们之所以独特，正是因为我们自知并非如此。

5

房间里的大象

遗留问题和科学革命

　　我们即将开启一场宇宙之旅，去探索位于知识前沿的各个领域。知识的前沿道路崎岖，如同中国长城一般蜿蜒曲折，道阻且长。沿途那些被遗忘的哨岗，或建于无人之境，或立于深渊彼岸，但这并不影响它们为定义知识边界所起到的重要作用。正如我们前面在苏格拉底身上所看到的那样，学识越是广泛，对自身极限的认知也就越清晰。约翰·洛克（John Locke）在其著作《人类理解论》中，在谈到什么是本体时，讲述了一个印度先哲的故事：他宣称世界立于一头大象背上。于是人们便问道，那么又是谁在支撑着大象。他回答说，是一只巨大的乌龟。但当人们问起乌龟又是被什么东西所支撑时，他便答道："是我所不知道的某种事物。"

　　这则著名的哲学寓言令人联想到，科学，也与之类似，比想象中更为频繁地借助于基本却难以理解的假设。其中一大著名案例便是量子电动力学（QED）[1]：这是一种将电磁学、狭义相对论和量子力学融汇合一的强大形式，借此形成理论基础来准确预测涉及带电粒子的现象。量子电动力学的发展，得益于20世纪许多伟大理论物理学家（尤其是朝永振一郎、施温格尔、戴森和费曼）的贡献，它帮助我们理解并预测了一系列现象，从原子中的电子活动到新基本粒子的诞生，直至如日内瓦欧洲核子研究组织的大型强子对撞机（LHC）[2]等加速器的出现。这是一个异常优雅的理论，它遵循量子力学和狭义相对论的定律，研究着时间和空间、粒子和场、相互作用和动力学。QED的预测能力惊人：它可以以极高精准度计算电子和光子间的相互作用细节，在某些情况下更有实验数据表明其精准度已经超过万亿分之一，因此，它成为当今最为精确的物理理论。

然而令人讶异的是，这样一套理论却在计算中充斥着大量发散项[3]，在不消除计算中无限值的前提下，无法为质量和

———————

[1] 全拼：Quantum Electro-Dynamics。

[2] Large Hadron Collider，是一座欧洲核子研究组织的对撞型粒子加速器，用于国际高能物理学研究，位于瑞士日内瓦近郊。LHC于2008年9月10日开始试运转，并且成功地维持了两质子束在轨道中运行，成为世界上最大的粒子加速器设施。

[3] 发散项，指的是趋向无穷大的数值。

电子电荷量等基本量取得有限值。而计算结果，需要通过重整化将两个无限项相抵消，才能够为相关物理量得出有限值。对这样一个能够以极限精准度对细节进行描述的理论而言，这套程序简直糟糕透顶。狄拉克在1975年宣称，自己对这样一个"与其忽略一个极小的值，毋宁舍弃一个无穷大的值"的理论深感不满。费曼也同样在1985年将重整化称作"猜杯子游戏"[1]，并认为它在数学意义上是不合法的。

现代知识的另一大瓶颈则是真空能量。一如我们随后即将深入介绍的那样，量子真空并非空无一物，其中蕴含了粒子的随机涨落和力场所造成的实验可观测现象。正是因为真空的特性，在一段相对较长但可计算的时间内，一个受激原子会将吸收的能量重新释放并返回到基态。就如同跑步后我们会感觉心跳加速、浑身发热，但一段时间后心跳又会恢复正常。量子涨落的存在等同于真空中某种能量的存在，而它将同样作用于大尺度范围：我们随后即将看到，这对应着一个术语，宇宙学常数——它最初由爱因斯坦在广义相对论的原始方程中提出，用于解释静态宇宙的存在。此后爱因斯坦

---

[1] "猜杯子游戏"是款经典赌博戏法。游戏庄家先准备三个不透明杯子，然后把一个弹珠放置在其中某个杯子下面盖住，接着快速移动改变杯子的位置。观众需要猜出哪个杯子下有弹珠：猜中了，庄家赔钱；猜错了，观众输钱。因此今天也引申出骗局的意思。——编者注

后悔引入了这一术语，并宣称这个决定是自己最大的错误。根据宇宙学数据，真空能量约等于 10^{-9} 焦耳每立方米（1 焦耳的能量约等于将一本 1 千克重的书抬起 10 厘米做的功）。从 QED 出发的计算则得出了一个远胜于此的数值——10 的整整 122 次方，物理学家将其称为史上最错误的理论预测。这又是一片我们身处其中却毫无头绪的无穷海洋。QED 的无限值，或者说对真空能量计算的束手无策，正是英语中"房间里的大象"，意思就是醒目到无法忽视的问题。

科学的客厅里，充满了来回漫步的大象，我们无须为此感到惊奇。从这一点上来看，科学进步，就像福尔摩斯某场尚未结案的调查：在物理学上我们发现，暗能量占据了宇宙质量 / 能量总数的 73%，尽管我们还不了解这究竟是什么；而宇宙质量 / 能量总数的 22%，是被称为暗物质的物质，而对于它，我们知道的甚至更少。换言之，我们所认识的物质和能量仅仅是不到 5% 的极小一部分。仔细想想，遗传学中也出现过类似情况。例如我们知道，大约 80% 的 DNA（脱氧核糖核酸）缺乏与蛋白质编码相关的特性，这也是为什么它们经常被称为垃圾 DNA。尽管我们始终在尝试，但却依然未能摸清这部分遗传密码的进化起源，而我们掌握特性的那部分 DNA，简单来说，不过是那一大片今日看似无用的未知 DNA 的冰山一角罢了。

接着让我们来思考一下古典经济学：它利用我们这颗星球经过亿万年积累下来的不可再生能源（煤炭、石油、天然气）作为原材料，但在开采成本和市场供应之外，却甚至未将能源有限性及其消耗所带来的影响——因为许多生产过程都是不可逆的——进行评估计入价值。这种文化上的落后产生了一系列后果，也给环境造成了伤害。首先，仅仅几十年前，我们才开始认真对不可再生资源的具体开采成本及其价值进行系统性研究；此外，根据计算，工业经济从气候及环境生态系统的无形资产中所汲取的价值，接近其创造价值的两倍之多。这意味着什么？显而易见：我们正在以地球更新速度的 1.7 倍，消耗着环境资源。

每当我们遇见所谓的"房间里的大象"，也就是当人们多少刻意地忽视某个严重的问题时，我们总想着早晚会有人来解决它——在经济社会学上我们称之为气候变化，而在科学层面上则取决于它所带来的效应，通常被称作进步或者革命。而爱因斯坦的伟大之处就在于，他不仅善于识别和解决"房间里的大象"，也就是当时牛顿和麦克斯韦的物理学中存在的问题，同时他还能够提出创新的解决方案，彻底改变了现代物理学。

布朗运动（即流体或悬浮液里的微粒所作的无序运动，可通过显微镜进行观测，或者利用光束照射悬浮颗粒看到），早在卢克莱修时代就已被发现——他在《物性论》（公元前1世纪）中就对此有所介绍。但爱因斯坦才是第一个从这看似寻常的现象中推断出物质是由粒子组成的，并确定了阿伏伽德罗常量（指在一定标准量的物质中含有的原子数，等同于以克计数的原子重量）和原子的大小的人。

当时的物理学家们知道，麦克斯韦的电磁场方程组预测了一个数值为真空光速的绝对速度，但却无法理解它该如何与堪称牛顿力学基石的伽利略变换[1]——处于相对运动的参考系借此相互转换——相协调。而爱因斯坦则意识到，一旦速度接近光速，那么势必要改变伽利略变换，才能使牛顿时空变得更加灵活。

令爱因斯坦获得诺贝尔奖的是他对光电效应的研究。根据他的理论，我们用一束光子对某些金属进行适当照射，就可以从这些金属中提取电子。当时大家都认为这一现象与入射光的强度有关，只有爱因斯坦明白，这与光的颜色，也就是光的能量相关。他随之引入了光子的概念：一种能够携带离散量的粒子，一种富含能量的量子。这个强大的理论，为

———————

[1]　"伽利略变换"是经典力学中两个只以匀速相对运动的参考系之间变换的方法，属于一种被动态变换。伽利略变换在物体以接近光速运动时明显不成立，抑或是电磁过程也不会成立，这是相对论效应造成的。伽利略变换基于人们对物体速度合成的直觉，并假设时间和空间是绝对的。

量子力学的诞生做出了决定性贡献。

此外，爱因斯坦还明白了，空间与时间都是引力根据精准的数学公式使结构发生变形后塑造出来的产物：一个做自由落体进入引力场的物体，将失去所有感知引力的能力。而引力场，就是物体运动的空间，也是钟表测量的时间。

总而言之，回到我们最初的比喻，偶遇一只"房间里的大象"可谓幸事，这意味着我们不能停止思考，或许下一段科学革命将由此打响。

这样的机会绝对不容错过。

6

要有光? [1]

宇宙学说的演变

太初，天空，陆地，深渊，风，水，虚空，黑暗，随后才是光明。在《圣经》所讲述的创世第一天里，宇宙已经囊括了所有元素，除了光。而创世第二天[2]所发生的神迹，正是光明与黑暗的分离——或者更准确地说，应该是神创造了光。因为黑暗只是光明缺席所带来的效果而已。那么这究竟是如何发生的呢？当时无人在场，因此谁也无法说出直观体验。

人类自古以来便会想象着某种"开端"，而同时"静态宇

---

[1] Fiat Lux，来自《创世记》中的一段短语。原文是希伯来文，是神在创造宇宙和光明之际说的话。

[2] 原著此处原文为 "The divine act, on the second day of creation, was in separating the light from the darkness."。据《圣经·创世记》，疑 "the second day" 为 "the first day" 的误写，即译文中的 "第二天" 为 "第一天"。——编者注

宙"的学说也持续影响着我们的思想：迎面先来的便是永恒宇宙的概念，亚里士多德对此极为推崇，它在随后几个世纪里也产生了无穷的影响——比如爱因斯坦就对这一学说喜爱有加。几千年来，人类在面对起源问题并试图讲述宇宙及其规律的创建，即天体演化学时，总是通过神话、比喻以及强大的基础学说，来形容这些无法描述的内容。早在公元前5世纪，被亚里士多德认定为原子论之父的留基伯，就已经为我们留下了天体演化学的雏形。据传，《宇宙大系统》为留基伯所作，正是这本书为其门生德谟克利特提供了灵感，并由此诞生了《宇宙小系统》。然而事实上，以古代神话和传说为载体的宇宙进化论简直数不胜数，远在古希腊哲学家提出之前就已经存在多时。从民族人类学上来看，对这些在时间和空间上同样遥远的文明所使用的语言和概念进行分析，将使我们受益匪浅，因为这将使我们理解它们背后的神学、社会和文化意义。在缺乏科学语言和理论的前提下，它们被逐渐传颂成了不同的神话故事：宇宙蛋，梵文中的宇宙之卵，吠陀教所说的金卵[1]，从苏美尔神话的原始海洋直至古希腊和古罗马那或多或少拟人的神灵。

有趣的是，如赫西奥德等前苏格拉底哲学家们所参考的

---

[1]　金卵也代指诞生于水上一颗金卵中的古印度祈祷神，现印度教的创造之神梵天。

宇宙起源的元素之一，竟是混沌。在他的《神谱》中，混沌存在于万物之前。赫拉克利特则认为，位于大地之下和塔尔塔罗斯[1]之上的，是现实的真正基础。联想到我们随后即将介绍的真空量子涨落对宇宙诞生的重要性，我们不得不为这些源自数千年前的文化背景迥异的理念所引起的共鸣而惊叹。

随着科学革命的到来，一切都从根本上发生了改变。特别是在最近一个世纪里，一系列理论发现和实验观测，在研究无限小的同时也深入无限大，为宇宙诞生奠定了一整套科学推论。正如我们即将在下一章里看到，今天人们所说的"无中生有"的宇宙，最初源自一场剧烈的膨胀，那就是大爆炸：在此期间陆续出现了元素、粒子和力场，并逐渐演变成为现在的宇宙。

就像我们即将深入介绍到的那样，今天我们之所以能够得出这样一个关于初始时刻的描述，都要归功于科学分析所能提供的一切手段和数据；科技的发展使我们得以获取这些信息，并无限拓展了我们的观测能力。

而正是这新近的飞速进展，让我们惊奇地发现，我们在寻找知识之钥的途中所依赖的路灯，点亮的不过是宇宙的一

---

[1] 塔尔塔罗斯是希腊神话中"地狱"的代名词，位于冥界的最底层，是地狱深渊之上的原始混沌。

小部分；这也就是说，可见的物质和能量形式，充其量不过是总数的 5%。如前文所述，其余的 95% 则是漆黑一片，由我们冠以"暗"字前缀的物质和能量所组成。借用苏格拉底的话来说，"我们知道自己的无知"。而这般对极限的明确认知，正展现了当代科学冒险的一大魅力。

不过现在不要急着得出结论，我们首先应该放眼全局。那么现在，就让我们一步一个脚印，回到"起点"。有人可能会说，大爆炸，就像它本身所定义的那样，代表着宇宙的曙光。但事情并非如此简单。

首先，有日出必有日落，日落到来之前也必先有日出。那如果这所谓的"之前"不存在呢？如果时间恰恰是物质和相互作用力所引发的产物呢？同时正因为原点之前时间的缺席，那么宇宙的诞生是否可以不再被看作是先前某一事件所带来的后果呢？这些都是当代科学为了解在大爆炸这种极端条件下"时间"是什么所提出的基本问题。

其次，若是我们将大爆炸所带来的光，定义为最初的黎明，那就意味着我们正从远处观察这只火球的进化。那么如果所谓的"远处"不存在呢？想象一下，如果不置身于这初始事件之外呢？或许我们可以简单地想象"身处其中"，在一个均等明亮的宇宙里面，用与所谓的"黎明曙光"截然不同的另一种视角去看待问题。

　　而最后，我们又该如何解释这一巨大膨胀所需的能量呢？它们从何而来，又在如今的宇宙中如何分布呢？我们将看到，在这个课题中，有一个巨大惊喜在等着我们：宇宙总能量严格上来说可能为零。除了上述的宇宙诞生不存在前因之外，还有一种观点是，没有必要无中生有地臆造出一个之前不存在的能量，同时也是因为这样做与已知的物理法则不相容。当代关于宇宙及其起源和演变的看法，倾向于将物理世界与超越[1]维度上的思辨彻底分离，消除了二者在传统意义上以原点为代表的对接点。

　　而所有这些介绍宇宙初始时刻的基础理论和概念都在提醒我们，在谈论宇宙起源时必须保持谨慎，避免被活跃却又易错的直觉所误导。我们的推理理应少些感性，多些严谨。这也是因为在处理这一课题以及随之而来的各种不确定因素时，我们很快就会明白自己并非孤身作战，因为我们即将面临的问题，作为科学界的焦点已长达一个多世纪，而它们中的大多数，至今依旧被不断争议。

　　其中一个重要案例，便是为大爆炸模型的发展做出贡献的科学家们所分享的各种宇宙起源学说。例如爱因斯坦，他在 1931 年仍然对"从未有过开始也未将拥有结束"的静态

――――――――――

[1] "超越"（trascendenza）在这里是"内在"的反衬，在拉丁文原意中代表着越过边界，在哲学和神学中指超越现实的存在，即这个现世之外的存在。

宇宙这一学说着迷，尽管他于 1915 年所创立的广义相对论所推动的却是一个持续演化的宇宙框架。不久后，爱因斯坦很快放弃了静态宇宙的模型——而赫尔曼·邦迪（Hermann Bondi）、托马斯·戈尔德（Thomas Gold）和弗雷德·霍伊尔（Fred Hoyle）却依然支持这一学说直至 1948 年——但同时，爱因斯坦却也并不满足于这样一个随时间而改变的宇宙。爱因斯坦这样一个好奇心旺盛的灵魂，不止一次试图对抗自己的理论所衍生出的思想：他是最为权威的量子理论批评家，尽管正是他本人发现了光子这一能量的基本量子。他的意见绝不寻常，事实上，人们耗费了整整半个世纪的时间，才得以彻底反驳他对量子力学非定域性[1]所作的批判[2]。同样还是爱因斯坦，在其方程式里引入了用于制衡引力效果的宇宙学

---

[1] 非定域性有时也称为不确定性，是指某个或某组量不确定在其定义范围内更小的确定范围内的性质。在量子力学中，某个物理量不确定在其定义范围内更小的确定范围的性质，称为量子非定域性。

[2] 这就是著名的 EPR 佯谬（EPR paradox），EPR 代指爱因斯坦、波多尔斯基和罗森。三人于 1935 年发表了一篇题为《能认为量子力学对物理实在的描述是完全的吗？》的文章，对量子力学描述的不完备进行了批评。根据量子力学的不确定原理，微观粒子做测量实验时粒子的位置与动量不可同时被确定：越准确地知道粒子位置，则越不准确地知道粒子动量；反之亦然。爱因斯坦因此提问，不论有没有对粒子做测量试验，粒子是否具有明确的位置？对于这问题，不确定原理的前身，哥本哈根诠释表明，在测量之前，粒子的位置不具任何意义。EPR 论文尝试证明，粒子具有物理实在的要素，例如位置；因此量子力学不够完备，因为它无法在测量之前明确预测粒子的位置。

常数，但后来他又将这一概念摒弃，并如我们前面所看到的那样，将它定义为自己"最大的错误"。随后我们将看到，半个世纪后我们观测到，宇宙在大范围地加速膨胀，并由此证实了暗能量的存在。这一切都表明了宇宙学常数在宇宙演化中所起到的根本性作用，此外，根据1998年的观测数据，它的数值将大于零。这场跨越了一个世纪的讨论，综合了审美的直觉、深刻的数学理论和精细的实验观察，毫无疑问，它还将在未来进一步发展。

7

空间

扭曲的直角坐标系

　　我无意反对笛卡儿，但我相信他那著名的坐标系还有许多问题值得探讨。它看起来就像是个为了梳理现实秩序的简单图表：为空间甚至时间的每一个点，贴上小小的思维标签和一系列数字坐标，又能有什么坏处呢？现实是几何的，空间就是一大片由数学定律所统治的物质。这一图表取得了巨大的成功，声名远扬。尤其值得一提的是，它还推进了牛顿的理论，牛顿利用它开展了自己著名的力学学说，并对万有引力进行了描述，将一切建立于绝对空间和绝对时间之上——这意味着它们独立于物质而存在，也不因尺度和观测而改变。至今我们当中的大部分人依然和牛顿一样，相信世上存在着一个由笛卡儿坐标系所描述的空间和时间，从零开始一路自由延伸至无穷；打开时空的GPS（全球定位系统）

导航便可以奔向大爆炸，就跟去（意大利）里米尼（Rimini）度假一样，轻而易举。

　　然而空间所包含的内容远超牛顿的想象。20世纪初我们迎来了爱因斯坦，而问题也变得愈发棘手：狭义相对论向我们表明，通过物理世界的严谨计算后，无论空间还是时间，都只被定义成两个测度[1]之间的差异。通过钟表、光束和尺子进行测量的物理测度，和思维标签完全是两回事。在这些物理量里没有什么是绝对的，一切都取决于两个观测者之间的相对速度。荷兰物理学家亨德里克·洛伦兹（Hendrik Lorentz）、德国数学家赫尔曼·闵可夫斯基（Hermann Minkowski），以及德国数学家和物理学家格奥尔格·弗里德里希·伯恩哈德·黎曼（Georg Friedrich Bernhard Riemann）的研究，将爱因斯坦狭义相对论所预测的结果进行了公式化：当拿两个匀速运动的参考系所测量的数值进行对比时，我们会发现，时间的尺度膨胀而空间却反而收缩。但与广义相对论中出现的情况相比，这不过是小巫见大巫罢了，因为

---

[1]　测度在数学上是一个函数，它对一个给定集合的某些子集指定一个数，这个数可以比作大小、体积、概率等等。传统的积分是在区间上进行的，后来人们希望把积分推广到任意的集合上，就发展出测度的概念，它在数学分析和概率论中有重要的地位。

在那里，引力将成为"天外救星"[1]，在空间和时间的每个点上，修改坐标的度量（我们在前面第3章已经对度量和它那奇妙的特性有所介绍）：因质量，或与其等价的能量所导致的引力效果，将空间和时间紧密联系在了一起，并像强风吹拂树叶一样将它们进行扭曲。你或许会问，那是相对什么而言的扭曲？是相对于一个抽象的笛卡儿坐标系，一个不存在引力、点与点之间的度量也不会改变的坐标系。当然最后也别忘了量子力学：真空，为海森堡不确定原理所描述的空间及时间的度量涨落提供了舞台，而它们，正是时空曲率的重要特征。

那么问题来了：如果笛卡儿生活在一条持续运动的弹性地毯上，就像量子力学和爱因斯坦相对论中所描述的时空一样，那他还会用自己那著名的坐标系来定义世界吗？这个问题并非空穴来风：因为我们的直觉总是建立在当下所掌握的工具和概念上。

球面是一个完美的弯曲二维空间，即非欧几里得空

---

[1]　这句拉丁文翻译自希腊语 ἀπόμηχανῆςθεός（apòmēkhanéstheós），意思是机械降神。在古希腊戏剧中当剧情陷入胶着时，通常会有一个万能的神降临来解决难题，而扮演神的演员会利用起重机从舞台上方降下，这组词语正是源于此。如今它被用来形容一个意想不到的角色在违背常理和逻辑的情况下解决了一个棘手的问题。

间[1]：它的表面上没有任何直线，同时绘制在其表面上的任意三角形的内角和都大于180°。但我们的直觉无法对球体进行描述，除非虚构一个以直线为轴的三维笛卡儿坐标系。那么现在让我们想象一下某个被迫移动于球面之上的二维生物：它无法感知第三个维度的存在，也很难知道两点之间的最短距离是个圆弧而非直线。因为曲率是朝着它所生活的两个维度之外的方向延伸，对它来说，一个三维圆弧就是球体上两点之间的最短距离。但如果这个二维生物足够聪明，那么它也可以通过一些手段，了解到自己正处于平面或是曲面之上，例如测量绘制于球体上的三角形内角和，或者如果它有足够的耐心，也可以尝试在自己生活的表面上用彩线画同心圆。如果这个表面弯曲并向自身收拢，那么一开始这些圆的周长将逐个增加；一段时间后，在抵达了最大半径之后，圆将逐渐缩小；最后，它将发现自己像笑话里所说的地板画家一样，被满地的条纹困在房间一角。

在三维空间里也发生过类似的事情。其实只要稍微动一动脑子，我们就能够分辨一个空间是否弯曲。我们可以借用斯蒂芬·霍金（Stephen Hawking）的理论继续前面的话题。

----

[1] 欧几里得空间，指的是约公元前300年由古希腊数学家欧几里得所建立的角度和空间距离间的关系法则。欧几里得首创了解读平面二维物体的"平面几何"和三维物体的"立体几何"。

为了检验一个三维球体是否是某个四维球体的表面，我们可以从空间的某一点开始，用喷雾绘制一个个越来越大的球形轮廓。如果我们所生活的空间是弯曲的，那么在某个时刻我们将会吃惊地发现，这些球逐渐缩小，而最后，我们将会被一个未被涂鸦的球体彻底包围！

这一解析让我们明白，站在宇宙之外进行观察是多么具有欺骗性的一件事。为此我们需要从内部出发去思考这样一个在自我闭合的同时也囊括了包含度量扩张在内的一切现象的时空。

正如美国物理学家约翰·阿奇博尔德·惠勒（John Archibald Wheeler）所说，"时空告诉物质如何运动，物质告诉时空如何弯曲"。如果现实真的是一个弯曲的空间，那为什么我们还要继续以直角坐标系对它进行考量呢？难道不该像某些物理理论一样，去使用更为恰当的引力坐标吗？而眼下我们正处于过渡时期：我们用弯曲时空的理论来描述引力，而对其他基本力则继续使用平直时空，因为它们的变形被归咎于狭义相对论的简单定律，而不是引力的存在。而统一基本力所需的前提之一，就是以同一个时空描述来解释所有的物理现象。

当代科研正在往这个方向努力：理论物理学引入了强大的拓扑分析将广义相对论和量子力学进行了结合。这并非易事，因为它触及了物理的理论基础。但无论如何这都打开了一个迷人的全新研究领域，只不过，迄今为止我们在其中所遇到的问题要远远超过我们所找到的答案。我们寄希望于量子引力理论，期待它能带我们了解在极端能量和极小尺寸——也就是黑洞和宇宙原点——下所发生的一切。之所以说是希望，也是因为这能量之庞大，远超过任何加速器或宇宙观测所能够探索的数值——我们在其中几乎没能得出任何实验数据。

伟大的笛卡儿一定会原谅我的冒犯。然而我之所以写下这些文字，是为了让读者们意识到一个时常被忽略但却极为重要的事实：空间、时间和物理真空，绝不是平平无奇的东西。例如，在大爆炸前后，也就是初始奇点，我们会发现真空的特质起到了决定性作用，就像足球比赛中场地的特性所起到的关键作用一样。事实上也正是它们，定义了比赛战略，而草皮的质量也切实地影响了比赛的走向。我们对物理真空这一本质上与时空紧密相连的概念所进行的理论研究至今仍处于发展之中，这是一片干涸难以耕耘的土地，我们至今还无法说出哪怕一条确切的理论。时空，究竟是像爱因斯坦所说的那般连续，还是像部分当代物理学家，如我们的卡洛·罗韦利（Carlo Rovelli）所坚信的那般离散（即由独立元素所构成）？但事实上，我们就连宇宙是如何诞生的也还一无所知。

不过，无论如何，我们依然可以尝试通过熟知的物理法则进行推理，在有效范围内尽可能地将假设推到极致。在本书最开始的几个章节里，我们介绍了这场研究的必要因素，并强调了几大极具欺骗性的概念陷阱。那么现在我们已经做好准备，向着无限大和无限小，向着极度复杂和绝对基础出发。这场旅程将充满令人眼花缭乱的视角和出人意料的愿景。尽管一路以来取得了巨大进展，但还有大片未知的事物等待着我们去发现——正是这一强烈信念，引导着我们前进。我们才刚刚启程，认知宇宙的曙光才刚刚开始闪耀。

[8]

地狱十分钟

大爆炸后的疯狂十分钟

　　除了不同种类的基本力和基本粒子的质量之外，我们还认识了在解析大爆炸最初时刻所必需的几大要素：空间、时间和能量。

　　正如上一章所提到的那样，我们要避免将宇宙的诞生，看作是太空中某个遥远未知点上所绽放的盛大烟火，而我们也绝非像观看电影那样在对它进行观测。事情不是这样的。我们必须意识到，将大爆炸看作一件可从"外部"观测的事件，是极具欺骗性的。

　　相反，值得注意的是，在这个自我封闭的体量内，几乎所有的物理量都分布均匀，并将在宇宙整个演化过程中持续保持直至今日。最初表现一致的，是能量的密度和温度。而后，随着宇宙的扩张，物质的分布和平均温度也开始变得均等。而到了今天，经过几十亿年的演变，每个单位体积上的星系也都数量一致。不过，原则始终如一：宇宙里没有任何一个位置是特别的，并不存在所谓的优势地位，这个体量里的每个点都拥有相同的视野。其中存在着涨落，来自我们即将看到的量子现象——但即使是它们，也是以一种民主的方式进行分布，并不存在对任何地点或方向的偏好。

我们说过，就空间而言，思考"其之外"并没有太多意义；而对于时间而言，考虑到初始瞬间之前什么都不存在，那么想象"其之前"同样也毫无意义。虚无中没有变化，那么简单来说，时间也就不存在了：这就像在凝视一张照片。一声打板，为有史以来最惊险刺激的动作片揭开了序幕，时间也就此随着大爆炸而诞生了。

那么现在，我们手里还剩下另外两个描述宇宙诞生的因素：能量与空间。

为了回到那个初始瞬间，让我们试着将宇宙演变的影片倒带。自哈勃以来，也就是20世纪30年代之后，我们从实验中惊奇地证实了整个宇宙正在进行全方位扩张。仔细想想，这可非比寻常。这并不是某场爆炸所引发的后果，因为在一场爆炸中，一切都会从中心向外扩张，而物质的密度也根本不会随着半径增长而均衡分布；在这种球形冲击中，物质倾向于汇聚在大部分碎片所在的那一边。但宇宙的情况则类似于蛋糕发酵：酵母所引发的化学反应导致每个点都和相邻的点相互远离，而这个仅施加在相邻点上的基础现象，致使蛋糕上两点相距越远，相互远离的速度也就越快。

哈勃的观测得出了宇宙往每个方向进行扩张的结论。或许这一现象更应该被称作"大蛋糕"（Big Cake）而不是"大爆炸"，可以肯定的是，二者带来的视觉效果必定不同。你更愿意将宇宙的形象看作一个史前潘娜托尼[1]，还是原始大爆炸？在澄清了这点之后，让我们将宇宙的影片倒带，你将会看到，所有相关的物理量，密度、能量、温度，都将扩大至无限并失去物理意义。我们注意到，在这一倒带过程中，所有点上都同时发生着宇宙凝聚和（物质）集中化。每个点都一样。随着镜头逐帧回放，承载宇宙能量的体积也逐渐缩小。所以大爆炸的初始奇点，也就意味着一个密度和温度都无限高的状态，但它并不特指空间中某个特殊位置、大小或是形态。在这一条件下，我们所熟知的物理法则将失去意义，使之成立的前提也将逐步消失。在奇点附近，我们开始摸黑探索，甚至无法借助于直觉，因为它反而容易将我们引入歧途。所以我们有必要再一次重申这场研究的局限性，唯有这样，才能避免让各位读者们误以为我们理解了未解之谜。

---

[1]   潘娜托尼（panettone）是一种来自意大利米兰的果料甜面包，通常会在圣诞节和新年等节庆享用，同时也是米兰城的标志之一。

现在让我们来重点看看下一个问题：在回放这段影片时，究竟哪一帧才是第一个镜头，哪个时间点才是我们有所了解的最早的原始宇宙？量子力学为我们清晰地指明了方向：我们不能再以包括广义相对论在内的经典物理定律进行推导，恰恰相反，我们应当在前面第 4 章里介绍过的海森堡不确定原理的基础上改写这些定律。在推论宇宙起源时，我们可以应用这条原理中的两种表述。第一种是，空间位置和动量的测量误差值相乘所得，将不可避免地大于以德国物理学家马克斯·普朗克（Max Planck）之名所命名的常数。但这并不意味着作为力学基础变量之一的动量无法守恒，而仅仅说明了，观测系统中的空间度量和动量在接近初始时刻之际，开始产生随机波动。由此不确定原理预测，当宇宙的大小——准确来说是时空曲率的半径——变得极小之时，便会出现量子涨落。而另一组遵循不确定原理的变量则是能量和测量能量的时间：时间间隔越小，相应产生的能量涨落就越剧烈，反之亦然。这并不意味着在这等条件下能量无法守恒，而仅仅说明了观测系统下的时间度量和能量开始波动。而这个被量子涨落所统治的阶段，便被称作普朗克时期：它对应着 10^{-43} 秒这一的极短时间。而对于在此之前所发生的事件我们就无能为力了，因为眼下我们还没能发展出可以将引力、相对论和量子力学统一结合的理论。

不过，能量涨落可以在正值和负值间变化，这正给我们提供了一个探索的机会。一方面，我们拥有以动能为代表的正能量，它和拥有质量的粒子以及光子的速度相关；另一方面，又存在着与重力势和时空曲率相关的负能量。这为我们打开了一条机会无限的道路：有可能出现的情况是，不同的能量涨落，数值极大却正负相反，它们相加为零，由此将每个瞬间的可用能量守恒；接着根据不确定原理，这些涨落的持续时间便可以任意延长。换言之，不确定原理搭配能量守恒定律，便可以在能量总和为零的状态下催生出一个宇宙！

那么这也就意味着，量子涨落很可能就是宇宙诞生的原因。我们也可以用普朗克时间[1]乘上光速来定义一段长度。若我们在一个普朗克单位体积，也就是一个以这个长度为边长的立方体内，测量能量涨落，并通过狭义相对论的质能等价将它们转换为质量，那么我们便会得到数值为10^{97}千克每立方米的极高密度。这一数字相当于将二十几个人体细胞的质量压缩在一个微型体量里：一个对宇宙而言微不足道的质量／能量被无限密集地聚拢在一个极小的体积里，在这里，时空将因重力势能的负值涨落而剧烈弯曲。仅仅作为比较来看，原子核和中子星的密度也才不过10^{18}千克每立方米。

---

[1] 普朗克时间是量子学中基本的时间单位。

但造成这个超密集状态的能量又是从何而来呢？我们在不久前就已经强调过：物理为我们准备了一个巨大的惊喜，由爱德华·特莱恩（Edward Tryon）在 1973 年初次为我们揭晓。

由于量子涨落的正负能量之和在每个瞬间都能守恒，微观宇宙里猛烈的量子波动所产生的能量总和也将保持为零。在这种情况下，宇宙便可以从一场总和为零的量子涨落中诞生出来，而它所引发的效果则持续至今。不得不说这的确是个大胆的想法，但却与量子力学的定律完美契合。阿兰·古斯（Alan Guth），当代宇宙学先驱之一，形象地将这一说法定义为"极致的免费午餐"，即有史以来最不可思议的免费大餐。

现在让我们暂停一下，思考一下刚才所讨论的内容。这就好像一家银行，里面一分钱也没有，但它却有很多客户，他们有的存钱有的借钱。扣除利息的波动，银行所拥有的资金总量始终为零，但同时经济却在正常运行。这样一来，也就没有理由要求银行所拥有的资金必须呈正数，才能使整个机制正常运转。另一个例子是平原与山丘山谷间的转变过渡：整体看来势能并没有变化，但我们眼前的风景却截然不同。而物理法则，则从真空的量子涨落开始，在一个能量为零的状态里引发了类似的转变。

那么现在，让我们抛开普朗克时间和时空量子涨落的复杂问题，反过来看看在它们之后会发生什么。在 10^{-43} 秒和

10^{-36} 秒之间，宇宙膨胀，随后冷却，并进入基本力的大一统时期：这个阶段的温度依然过高，以至于各种粒子还无法进行分化，我们也无法辨别熟知的四种基本力的独立作用。只存在一个超级力，平等地作用于万物之上：就像在人群里所有人都相互推挤一样，你无法分辨受推挤的程度谁更重谁更轻。这一人群的能量极高，因此分散于粒子中的不同质量还不足以发挥出关键作用。在这一阶段的尾声，随着宇宙的扩张和温度的下降，超级力开始分解成一个个单独的力，它们将逐渐演化出不同的强度和特征。首先分离的是引力，而电强力[1]（electronuclear）则将统治接下来的这个时期，其间温度降至 10^{28} 开尔文之下；随后，电弱力[2]（electroweak）也开始与强力分离。如此一来，我们至今观测到的四种基本力中的三种便出现了。而今天的引力和电磁力之间，相差着 40 个数量级的强度。这些力的分离可不是件小事，物理真空的结构和特质都会因此而改变。再次以足球场为例，这就像是在比赛过程中草皮因猛烈的冰雹而改变了特性，降冰前后是两

---

[1] 在这个时期，四种基本力还未相互分离，只存在合成力。电强力指的是强相互作用力和电弱力的统一。——编者注
[2] 电弱力，据维基百科，全称为电弱作用力，也叫弱电相互作用力。电弱力是电磁力与弱相互作用力的合成力。在大爆炸发生不久以后，温度够高的情况下就只存在一种电弱作用力，不存在分开的电磁作用力与弱相互作用力。在温度下降以后，电弱力才分离出电磁力和弱相互作用力。——编者注

种截然不同的比赛体验。

而电强力向强力和电弱力的过渡，则让事情变得更为复杂：这场转变没能演变出一个稳定的真空，而是停留在了一个亚稳定状态，就像一瓶水冷藏过度但又还没结冰。这种状态极其不稳定，因为一旦出现任何干扰，整瓶水就将在瞬间从液态转变为固态，并释放大量热量。

所以不要小看真空哦！

美国的阿兰·古斯、俄罗斯的安德烈·林德（Andrei Linde）和阿列克谢·斯塔罗宾斯基（Alexei Starobinsky）初次向我们展示了，在万有引力框架下，物理真空的亚稳定状态可以令真空本身产生无限的压力。这份压力将胜过引力的相吸效果，并引发了度量——这种空间特质我们已经在第 3 章有所介绍，正是它定义了宇宙间的距离——在各个方向的暴力扩张，即字面意义上的爆炸。而这个度量膨胀的过程被称作暴胀：在极其短暂的一秒钟内，度量以远超光的速度膨胀并将距离扩大，这一指数约等于 10^{26}。诞生于初始瞬间的亚稳定真空逐渐扩大体积，宇宙能量也开始重新分布并被这急剧膨胀的真空所吸收；时空度量的曲率缩减，而同时负能量的密度也逐步降低。能量在每个瞬间都保持恒定，但同时，又在这样一个短时间内无限扩张的宇宙里进行了重新分布。我们在前面已经讲过，狭义相对论所带来的速度限制，并不适用于度量扩张。

为了更好地理解度量变化的意义，我们可以再次回到足球场的例子。改变规则扩大球场是很简单的事情，而后你却会发现，球员之间的距离也将扩大，他们的跑动范围也随之增加。在暴胀末期，宇宙的密度将大幅降低，同时变得极度寒冷，但最重要的是，它将更加均匀。宇宙中曾经相邻的部分此时却相互远离，速度之快以至于双方都从光速所维系的视界[1]里消失，彻底切断了所有因果关系。曾活跃于宇宙诞生初期的剧烈量子涨落，将从此成为回忆，它们逐渐隐没但并非完全消逝。暴胀过程中汇聚于真空中的能量，最终将在亚稳定真空衰变进入稳定状态之际得到释放。在这最后一个阶段，已经愈发巨大寒冷的宇宙再次急剧升温，并催生出一系列能量/温度极高的粒子。从某种意义上来说，大爆炸机制作为一场原始的巨大爆炸，正是从暴胀的尾声开始——当然，我们前面已经讲过，这里所说的扩张是均匀统一的，并非一场真正的爆炸。能量，从真空转而进入到拥有质量和动能的粒子中：能量的总和，由与粒子、宇宙常数相关的正能量和与引力相关、由时空曲率累积而成的负能量共同组成，至今依然保持为零。因此真空的暴胀演化，正代表着微型的初始

---

[1]　视界是可观测时空的边界。根据广义相对论，视界线完全隔绝因果关系。也就是说，在绝对视界线的一端发生的事，绝对不会影响绝对视界线另一端的事。

宇宙向着此后那个坐拥粒子和力场的巨型宇宙的过渡。但要记住，在宇宙演化的每个阶段，包括暴胀期间及之后，初始状态本身的物理量，也就是物理真空的特性，始终守恒：能量、动量、角动量和电荷都等于零。不仅如此，直至宇宙演变初期的某个阶段为止，物质和反物质之间始终保持着对称（详见第 27 章）：粒子与反粒子总是以相同的数量出现，以便将能量总和维持为零。

暴胀之后的宇宙扩张，将在随后以更为规律缓慢的节奏持续近 90 亿年：宇宙中任意两个点相互远离的速度由哈勃常数进行定义，它所对应的退行速度[1]，每扩大 326 万光年的距离，就将增加约 70 千米每秒。如同前面几章中所说，两点之间的距离越远，相对的退行速度就越大。约 50 亿年前，这一扩张节奏重新开始了加速。原因可能是真空中某个极端相斥的能量被激活——这就是暗能量。这是一个脆弱的术语，因为只有当两个物体相距长达宇宙学距离，也就是说二者间的距离可以与目前的宇宙大小相媲美时，暗物质才可能被观测到。虽然自初始时刻以来已经过去了近 140 亿年，但真空的特质却依然在影响着宇宙的演化！

让我们继续历史的进程：10^{-36} 和 10^{-32} 秒之间是电弱时

---

[1]　退行速度是天文学上描述天体远离而去的速度。使用时通常地球被视作静止不动，只用来描述遥远星系的距离。

期，统治这个时期的力，由质量微小的光子所传递的电磁力与质量巨大[1]的中间玻色子 W$^+$、W$^-$ 和 Z^0 所传递的弱相互作用所合成。这时的能量逐渐接近欧洲核子研究组织的加速器对撞所能研究的数量级。我们将在稍后介绍这些用于研究微观世界的现代显微镜。

考虑到迄今为止一直使用的时间尺度，可以说，在很久之后，我们迎来了夸克时期。夸克是强子，也就是质子和中子这类粒子的基本组成成分。在 10^{-12} 秒左右，弱相互作用力和电磁力开始分离，同时，基本粒子通过与希格斯场的相互作用，得到质量——而引发这一机制的基本粒子，由欧洲核子研究组织在 2012 年发现。至此，宇宙已经是一碗盛满基本粒子和基本力媒介子的热汤，它们相互独立地进行着作用。今天我们可以通过高能粒子加速器等设备重现这种条件。当时的温度（约为 10^{15} 开尔文），对于形成强子，也就是夸克的连接状态，依然过高。在这个时期，宇宙似乎依然保持着物质和反物质之间的对称性。在 10^{-11} 秒左右，则迎来了重子生成。这是一场席卷粒子和反粒子的巨大湮灭[2]，最后只有十亿

---

[1] 质量巨大是相对于质子质量而言，中间玻色子的质量约为质子质量的 80 倍，甚至比铁原子要重。——编者注

[2] 指当物质和它的反物质相遇时，会发生完整的质能转化，两者皆转为能量（如以光子的形式）。

分之一的初始物质能够从中存活，而幸存者们将就此开始自己的统治。在 10^{-5} 秒[1]，我们终于来到了强子时期：夸克相互结合并形成质子、中子、π 介子，等等。从这一瞬间开始，强相互作用力就被封锁在了这些核粒子，也就是构筑原子核的铜墙铁壁之中。

大爆炸过后的一秒钟左右则是轻子时期。轻子是一群包括了电子和中微子在内的基本粒子。在接近 10 亿摄氏度的温度下，中微子开始与其他物质分离——它们的密度已然过低，无法再与中微子进行相互作用——并就此形成了宇宙中微子背景辐射[2]。随后的 10 秒则开始了光子统治的时代：电子和正电子相互湮灭，只有一小部分电子得以存活。它们与质子一起，形成了一个对辐射不透明[3]的热等离子体[4]，就像一颗正在膨胀的巨大恒星，塞满了整个宇宙。而接下来的 3

---

[1] 此处定义学界似存在争论，有资料显示为 10^{-6} 秒开始，详见 https://www.physicsoftheuniverse.com/topics_bigbang_timeline.html https://indico.cern.ch/event/721827/sessions/273255/attachments/1807658/2950900/Where_Astronomy_Meets_Particle_Physics.pdf——编者注

[2] 中微子背景辐射是由大爆炸产生的中微子构成的背景辐射，是大爆炸的余晖。这些中微子有时也被称为"残留中微子"。

[3] 一个物质的不透明度越高，对辐射的吸收能力就越强。通常也就说这种物质对辐射是不透明的。

[4] 等离子体是物质的高能状态。等离子体是由阳离子、中性粒子、自由电子等多种不同性质的粒子所组成的电中性物质，其中阴离子（自由电子）和阳离子分别的电荷量相等，这就是物理学上所谓"等离子"。

分钟里则发生了原初核合成，从中诞生了原子核（nucleo）和一些质量较轻的核素，如氢的同位素氘，氦的同位素氦−3和氦−4，还有痕量的锂的同位素。而在第10分钟，这个等离子体的密度和温度已然无法继续支撑核聚变，原初核合成便就此结束。

我们见识了在大爆炸结束后最初十分钟里这一系列接踵而至的疯狂现象，酝酿这些现象的条件是如此极端，以至于今天我们通过大型粒子加速器也只能重演其中的一小部分。而在此之后，（宇宙演化的）节奏骤然改变，一切逐渐放缓。

9

曾未有光

不透明的宇宙

在此后的 37.9 万年里，宇宙继续规律地进行着扩张，并逐渐被一个由电子、质子、氦气、少量轻核和光子所组成的高温等离子体所填满。此外还存在着大量的中微子，但它们却几乎不与其他物质进行相互作用。度量继续匀速扩张，使所有点相互远离，降低了等离子体和中微子的密度，以及随之而来的温度。这一现象一直持续着，这场无法遏制的扩张，使得宇宙的大小在演化过程中的每一瞬间，都远超其寿命与光速的乘积。

为了更好理解这一效应，让我们来想象一个百米跑道上的短跑运动员：当他跑到半路时，赛道却被拉长至双倍，那么他为了抵达终点，又要继续奔跑 100 米。因此他总共在这条此刻长达 200 米的赛道上跑了 150 米。这就是为什么，可观测宇宙的大小在当下这个时刻已经远超光速与宇宙寿命的乘积，也就是约 460 亿光年。在此我们再一次提醒各位，"外面"并不存在：所有构成宇宙的物质和能量，每个瞬间都会在持续膨胀的整体体积中进行分布，而这一扩张速度则取决于不同点之间的距离。在二维上有点类似我们在吹气球时所观察到的气球表面。在这等条件下我们不必惊讶，在两个相距够远的点之间，相互的退行速度是可以超越光速的——这将使这两个点在宇宙生命的某个任意瞬间里失去联系。

那 37.9 万年这个数字的特别之处在哪里呢？在这一时刻之前，温度，也就是电子和质子的能量过大，因此这些电荷相反的粒子还无法结合在一起形成氢原子。这就和正常情况下水蒸气无法在 100 摄氏度以上凝结是一个道理。在这个阶段，宇宙的温度约为 4000 开尔文，略低于如太阳等恒星的表面温度；不过即便如此，我们也不该将宇宙与一颗巨型恒星相提并论。这个年轻的宇宙等离子体密度极低，约为每立方米 3.3 亿个电子。但这个数字也已然超过现在宇宙密度的 10 亿倍——今天我们只有每立方米 1/4 个电子，只有太阳密度的 1 万亿分之一。在这样一个低密度的等离子体中，一个光子需要在移动近 5000 光年之后才能碰撞一个电子——这数字听上去遥不可及，但我可以保证在宇宙学上绝非如此。

因此我们可以想象，在复合[1]之前，宇宙可能是不透明的，或者更恰当地说，它被一层光雾所笼罩。一旦降至复合温度以下，这个等离子体便将逐渐被中性原子所取代，光子的自由路径无限增长，宇宙便从此对光透明。

这说明在曾经某个瞬间，世上是没有光的。

就像风为山谷拂去浓雾那样，（宇宙）这个等离子体在持续不断的碰撞中开始发光，并形成了一种以氢为主，同时也包含了氦和少量其他轻元素等中性原子的气体。光子开始自由旅行，一段时间后，宇宙则会再次陷入漆黑——这意味着光子和中性物质停止了相互作用。这段漫长时期持续了几亿年，在此期间，引力缓慢但不可忽视地开始了自己的作用。我们前面讲到了初始时刻（量子）的剧烈涨落及暴胀期间的物质稀释，但稀释并不代表消失。这些涨落所对应的是物质较为密集的区域，在那里温度也相对较高，而这些区域之间的温差微乎其微，几乎以百万分之一计——但这已经足以打破局域对称性。温度最低、密度最高的区域开始吸引相邻区域的原子，它们之间的碰撞会消散多余的能量，并通过光子的形式将这些能量发射出去，而同时，凝聚态物质也将逐渐形成愈发巨大的聚合体。数亿年后的某个瞬间，在宇宙的某

---

[1]　这里的"复合"是指宇宙论中带电的电子和质子在宇宙中首度结合成电中性氢原子。

个位置，数量众多的质量汇聚一堂，就此点燃了第一颗恒星。恒星质量压缩着（恒星）核心，同时核心内部的核聚变会释放出极高的能量，将恒星温度提升至几千开尔文，并使它发光。如同划破黑暗的火柴，第一颗恒星，点亮了这片漆黑了亿万年的宇宙；而这时候的宇宙已经大幅扩大，并开始发亮。

10

宇宙的第一缕光

跷跷板上的恒星

或许宇宙间诞生的第一颗恒星，才是真正意义上的宇宙的第一缕光。虽然无人见证这一非凡时刻，但这绝对是可以观测的——和最初万物起点的暴胀不同，毕竟当时光明与黑暗还未分离。在第一颗恒星之后，便有了第二颗，以及之后的所有。就像摇滚演唱会里观众陆续亮起的手机和打火机那样，一个接一个，直至成千上万——对于宇宙而言则数以亿计。

那么，恒星又是如何运行的呢？这是一个维持在重力吸引和与之抗衡、产生大量能量的核聚变反应之间的微妙平衡，令人惊叹。让我们想一想自然元素那独特的核性质：我们可以根据质量的排布顺序，来看一看从氢到铁的各个元素。显而易见，当轻核合成为重核时，会带来能量的大幅增长。一且条件允许，例如恒星中心所发生的那样，轻核引发的核聚变便将生成质量更大的核，同时释放大量能量，与化学上的放热过程[1]同理。水分子比分离的氧和氢更稳定：在适当条件下，例如有微弱火苗时，氧和氢将通过爆炸的方式释放能量，形成水。而质量大于铁原子的原子核，比起合并则更适合进行分裂，这便是铀和钚以及原子弹所应用到的核裂变的物理基础。

那么核聚变所需的适当条件又是什么呢？若想要将质量较轻的原子核进行合并，那么就必须摆脱所谓的库仑力[2]，即短距离内正电荷之间强大的相互排斥力。只要成功克服哪怕只有一瞬间，原子核们便将被核力吸引到一起，因为在原子核直径大小的距离内，核力远胜静电力。

初生的恒星，由质量最小的元素，即氢和氦所构成。最初那片无边无际的星云[3]，提供了数量可观的原子，使这些初生星体得以迅速膨胀。随着这些未来的恒星的质量越变越大，

---

[1]　放热过程，指温度高的物质经由热传导、热辐射或热对流将物质的热能传向温度低的物质，放热后有可能改变温度高的物质的性质（例如水的三态变化）又或者使其温度降低。

[2]　库仑力也称静电力。

[3]　星云是由宇宙尘、氢气、氦气和其他等离子体聚集而成的星际云。原本是天文学上通用的名词，泛指任何天文上的扩散天体，包括在银河系之外的星系；同时星云也是恒星形成的区域。

其自身的引力也随之增强，并开始挤压星核，直至体内密度大到足以形成引力坍缩，在这种情况下，原子物质会变成一片中子，甚至可能直接形成我们随后即将讨论的黑洞。同样，也是这份引力所诱发的收缩，将在恒星的中心引发生成重元素的核聚变反应，并释放出巨大的能量。

这份能量体现为光压[1]，也就是流向（恒星）表面的光子所施加的压力——正是这份能量维持了恒星的平衡。在恒星的核心，参与核合成的元素质量逐渐增大，而核合成，正是一种经过速度不一的复杂核反应后，从现有质子、中子和其他核当中生成新原子核的过程。在其生命周期的某个阶段，恒星将耗尽自己的轻核燃料，恒星结构也将开始失去平衡：星核将在引力作用下内爆[2]，而内爆的形式则取决于原始恒星的大小。体型较小的恒星演变相对较为缓和：首先它们会膨胀成红巨星，随后坍缩成白矮星，周身环绕着原行星物质。这个过程重要吗？当然，因为这是太阳在50亿~70亿年后将要面对的命运。而对于体型较大的恒星而言，内爆则来得更为猛烈：（恒星的）核心将会坍缩成中子星或黑洞，而其余部分则会爆炸形成超新星，同时将大量以重核为主的恒星物质

---

[1] 光压也称辐射压。

[2] 内爆是一种物体塌陷（或受挤压）至自身内部的过程。与爆炸相反，内爆将物质与能量集中而非扩散。

散落在周边。

　　此外，小型恒星还有一大特点：它们的寿命会远胜大型恒星。它们是构成行星系的理想对象，因为它们能够长期维持恒定能量，为稳固行星气候甚至生命的发展提供必要条件。而大型恒星则相反，存活时间极短：质量超太阳 20 倍的恒星的寿命只有太阳的千分之一，仅为约 1000 万年。而这些大型恒星的使命，正是为（元素周期表里）从氢到铁的一系列原子核的形成提供锻造熔炉，否则这些原子便无法在这宇宙间生成。此外，它们还为大小不一的黑洞的诞生创造了必要条件，而黑洞正是构成星系不可或缺的部分，因为星系总是围绕着某个巨大的中心黑洞而发展。总而言之，在宇宙演变过程中，每种恒星都有着自己的作用。或者换言之，宇宙之所以是现在这副模样，正是源于这些恒星特质的影响——它们将复合之后被稀有气体所笼罩的宇宙转变成为当下这个成分复杂多样的宇宙。

　　在复合之后的数亿年间，大型恒星的爆炸催生出了无数恒星。如此周而复始，每次新诞生的恒星都会生成质量更大的组成元素，于是便出现了富金属星[1]。这些恒星被体型巨大

---

[1] 富金属星，意指一颗恒星的金属丰度高。金属丰度是天文学和物理宇宙学中的一个术语，它是指恒星之内除了氢和氦元素之外，其他的化学元素所占的比例。不同于一般认知中的"金属"，因为在宇宙中氢和氦的组成量占了压倒性的优势，于是天文学家将所有比氢和氦更重的元素都视为金属。

的黑洞所吸引，逐渐组建形成了大型结构——这便是随后将演化为填满可视宇宙[1]的星系。

---

[1]　与可视宇宙这一概念相关的是可观测宇宙，指的是一个以观测者为中心的球体空间，小得足以让观测者观测到该范围内的物体，也就是说物体发出的光有足够时间到达观测者。有时候天体物理学家会将"可视宇宙"和"可观测宇宙"相区分：前者只包含了复合时期以来的信息，而后者则囊括了自宇宙膨胀（传统宇宙学的大爆炸及现代宇宙学的暴胀时期结束）以来发出的信息。

[11]

特别的恒星
我们的太阳

　　有一颗恒星令我们格外在意，那便是太阳。我们前面已经看到，恒星诞生于分子云[1]，而形成太阳的星云，同样也催生出了无数其他恒星。分子云是真正的恒星托儿所，像猎户座大星云，是真正意义上滋养恒星的分子云，距离地球约1200光年，诞生于其中的恒星闪闪发亮，在银河中肉眼可见。太阳和太阳系的故事开始于约45亿年前，当时宇宙的这个区域还是一片延伸范围至少为65光年的巨型分子云。

　　正如前一章所介绍的那样，星云是星系内某片区域几代恒星生成与爆炸的产物，它98%的物质由来自大爆炸后各阶段的氢、氦、微量的锂所构成，其余的2%，则包含了过往

---

[1] 分子云是星际云的一种，主要是由气体和固态微尘所组成。其规模直径最大可超过100光年，总质量可达太阳的10^6倍。

恒星的核合成反应所产生的较重元素。而正是这些重型元素，帮助我们了解了整个事件的先后顺序：产生于恒星内部的重核同位素，如半衰期为 150 万年的铁 –60（^{60}Fe），状态很不稳定，将成为我们名副其实的宇宙时钟。而对古老陨石的研究，也有助于我们更准确地追溯上一次星际爆炸的时间——可能正是那场爆炸引发了激波，推动了太阳的形成和整片星云的聚结[1]。

　　在那之后，宇宙范围内迅速发生了一系列事件，促成了太阳系的诞生：千万年间，一个旋转的原行星盘逐渐成形，随后，它将从星云中脱离而出。最初它的大小约为 200 个天文单位（AU）[2]，也就是今天太阳系的两倍。在原行星盘里，愈发高频的尘埃粒子碰撞，逐渐形成了越来越大的颗粒，也就是微行星。在旋转星盘的中心，增长速率和温度会达到峰值：5000 万年后，正是在那里，诞生了太阳。在初生的第一阶段，太阳还是一颗原恒星，它通过吸收星云物质而增长，还没能够进行核聚变反应。后来太阳自身愈发增强的重力引发了坍塌，使它在 50 万年间从一颗原恒星变成了一颗 G 型主

---

[1]　聚结是一种物理现象，指的是液体的水滴、气体的气泡和固体的分子汇聚在一起形成某种体型更大的物质。

[2]　天文单位是天文学上的长度单位，曾指日地平均距离。国际天文学联合会 1978 年决定取 AU=1.495978707×10^{11} 米，从 1984 年开始使用。

序星[1]，它的能量主要来源于一系列触发氢核聚变的反应，而氢核聚变会释放出大量能量，并生成氦原子。

让我们仔细分析一下这些事件的顺序。首先第一步是产生氘——$^2_1$H，它是一个质子和一个中子组成的稳定原子核。这个元素符号左上角的数字源自它的原子质量：^{2}H 的意思是一个包含 2 个核子（即质子或者中子）的氢原子核。不要和 H_2 搞混了哦——我们都知道，后者指的是一个由两个氢原子所组成的分子，其中每一个原子核都各自拥有仅一个质子。

氘则来自一对质子的融合。与此同时，其中一个质子会转变成中子，并释放出一个电中微子和一个正电子（即电子的反粒子）：这个正电子将与一个电子一起，逐渐湮灭并产生能量。随后，氘原子核将和剩余诸多质子当中的某一个融合，形成 ^{3}He（氦 −3）——由两个质子和一个中子所构成的氦的同位素——同时辐射伽马射线，也就是一种能量巨大的光子。两个 ^{3}He 融合，便可以生成一个 ^{6}Be 原子核，也就是铍的同位素：它的状态不稳定，仅 5×10^{-21} 秒后就会衰变为两个质子和一个氦原子核——^{4}He（氦 −4）。

结束这一系列反应之后，大量使太阳等离子体升温的能

---

[1]　G 型主序星也称黄矮星，在天文学上的正式名称为 GV 恒星，即光谱形态为 G、发光度为 V 的主序星。［恒星根据各自（光谱）特征，被划分为九种类别，每种都有对应的特定演化过程］

量将被释放，此外我们还将得到 4 个稳定的粒子，而其中之一的氦，在一开始并不存在。显然，诞生于太阳核心熔炉的这一系列反应，是在随机的情况下和许多其他反应一起进行的，但只有这一系列反应，为我们的太阳提供了大部分的辐射能量。^{4}He 的原子核质量，相比起 4 个构成它的质子质量的总和，少了 0.7%，这部分质量被转换成了热量，同时形成了更为稳定的原子核连结态。虽然太阳的体型并没有特别大，但它的数据却着实令人咋舌：每一秒就有 6 亿吨氢，融合成为 ^{4}He。在质能等价的相对转换中，这意味着每秒便有 4 吨质量被吞噬。为了更好地理解这一数据，我们可以说，迄今为止，太阳转换了约等于地球质量 100 倍的能量，这一惊人数字也相当于太阳自身质量的 0.03%。

诞生于太阳核心的热量，要经过 17 万年才能抵达太阳表面，它们会被辐射进周围空间。这是一段漫长的旅程：光子需要经过无数次与太阳等离子体的碰撞之后，才能找到通往外界的出口。而中微子的速度则快得多，它们鲜少与等离子体进行相互作用，而是早早地逃出生天。引力和核聚变所产生的热量共同维系着平衡，它们分别对应着接近 5770 开尔文的表面温度和约为 1500 万开尔文的中心温度。

现在我们知道了太阳的年纪，那么它还能存活多久呢？今天这一刻，考虑到它所在的恒星光谱类别，我们可以说，它已经是一颗中年恒星了。它的光度[1]相对稳定：在最近 30 亿年里它增强了 20%，并将在接下来的 20 亿年里持续强化。造就这些变化的时间无比漫长，在最近 1 亿年里太阳的（光度）改变几乎小于 1%：就我们而言，感受微乎其微。但别忘了，太阳会每 11 年改变自己光度的 0.1%。这一变化的持续时间比起（其他活动的）平均时长更为明显，但总体来说也还算温和。作为一颗小型恒星，太阳格外适合提供稳定的辐射条件，这适用于星体诞生的柔和阶段，同时在时间尺度上，太阳活动的间隔与我们所熟知的地球生命进化过程也很匹配。

那太阳的命运会归于何方呢？结束漫长的稳定期之后，它将演化成一颗红巨星：那是 50 亿年之后，当供给太阳核心的质子被燃烧殆尽，而其他核反应则将占领高地。恒星内部的平衡将被彻底颠覆：它的外部将膨胀直至将所有太阳系行星吞噬，当然也包括地球。在一系列复杂的转变之后，它会变成一颗质量仅为今天太阳一半的白矮星，并和红巨星时期所遗留下来的行星系的残余一起，继续燃烧几十亿年。这是隶属于这一恒星类别的星球将要面对的共同命运，而这一系列事件在宇宙中早已发生过，也将继续发生。但对我们而言这一次却格外重要，因为正是这颗恒星，决定了我们的存在。

---

[1] 光度在天文学中指天体表面单位时间辐射的总能量，即辐射通量。光度是与距离无关的物理量，而我们肉眼看到的天体亮度实际上是照度，这一数值与距离有关。

[12]

太阳系的曙光

从原行星星云到太阳系

当太阳逐渐成形的时候，在原行星盘的其他区域里，一系列类似的气体凝结和重力所引发的尘埃聚结也在"蠢蠢欲动"。这个过程所需的微妙平衡，对热力条件有着严格的要求，这也是为什么一个由中央恒星所维持的稳定辐射环境是如此重要，因为温度过高太阳辐射变化过剩，将会阻碍（气体的）凝结，同时也会使这些正在成型的小型质量间那微弱的引力效应付诸东流。直到某一刻，将会有数以万计的原行星围绕着太阳旋转。随着质量的增加，它们自身的引力效果也愈发明显，而辐射效果则会开始减弱。随着时间的推移，微行星和原行星相互融合，形成了体型更为庞大的星体，并最终演化成为我们今天的行星。

同样还是出于热平衡的原因，行星的组成物质会随着它们相对太阳距离的远近而千差万别。这再一次证明了恒星辐射的重要性：（行星诞生的）初期，辐射会将较轻的气体，即富含氢的水分子、氨和甲烷，推向原行星盘的外部，同时内部会增加凝结温度更高的高质量物质。这些原子核会以尘埃和颗粒的形态进行相互撞击，并由此扩大体积。一旦越过与中心恒星的特定距离，即冻结线[1]之后，环境温度便会降至150开尔文之下，也就是约−130摄氏度：在这种条件下，质量较小的物质也会开始凝结并逐渐形成巨大的团块。而今天的冻结线，位于第四颗小型岩石行星[2]和最大的气态巨行星[3]，也就是火星和木星之间距离太阳约2.7AU的位置。无独有偶，也正是在这同一距离内，存在着小行星主带[4]，它见证了一系列行星的夭折。原因很可能出在木星：这颗气态巨行星的形成十分迅速，而如果它的半径再膨胀4倍，那么它自己也将变成一颗恒星。于是木星便开始扰乱其他行星的形成，试图清空主带，并将构成主带的大部分小行星吸引至身边。今天的主带囊括了约为月球质量4%的物质，不足其原始质量的0.1%。我特别喜欢主带，因为其中一颗小行

---

［1］　冻结线或雪线是在太阳星云中从原始太阳的中心起算的一个特殊距离。

［2］　岩石行星也称类地行星，指以硅酸盐岩石为主要成分的行星。

［3］　气态巨行星，是指主要由氢和氦组成的巨行星。

［4］　小行星主带，简称"主带"。小行星主带由原始太阳星云中的一群微行星形成，是在火星与木星的轨道之间的小行星集中区域，形状如环带，故名。

星，准确来说是 21256-1996CK，在最近被命名为了 21256 Robertobattiston[1]。我想，它或许就和小王子的那颗星球一样，坐拥太阳系的壮丽景色。

我们反过来看看那些距离太阳更远的气态巨行星，它们的形成则更为复杂。它们最初应该是形成于太阳附近，但随后因为木星和土星两大气态巨行星的引力作用，推动它们逐渐游离到了（太阳系）边缘。可以想象，太阳系未曾有过第一道曙光，是一系列漫长的演化过程将它转变成了今天我们生活于此的这个样子。正如我们所知，对人类而言这一过程无比缓慢，但若用宇宙的时间尺度来衡量，它可谓十分迅速。有意思的是，这一系列演化至今仍在活跃着：太阳系、太阳和地球，其实都不稳定，它们只是处于一场对我们人类历史而言无比漫长的进化之中。

在太阳系形成的过程中，我们不由得被时间和空间的巨大尺度差异而震惊。初始星云，正如我们在本章开始所描述的那样，就是一碗盛满原子、分子和尘埃的浓汤，是数十亿年演化的结晶，其中寿命较短的恒星核熔炉，会将诞生于大爆炸时期的原子核——氢、氦和痕量的锂——转变成质量更

---

[1] 21256 Robertobattiston 是由克劳迪奥·卡萨奇（Claudio Casacci）和毛拉·通贝利（Maura Tombelli）于 1996 年发现的小行星，被冠以本书作者的名字以示纪念。

大的原子核，直到形成金属元素。从空间上来看，这片星云占据了约太阳系数万倍的范围，其中每一颗恒星在其生命结尾所引发的爆炸，都会将恒星的组成物质散布在太空。此后这些物质会再次组合形成新的恒星，这些恒星将拥有更丰富的重元素；这些重元素在爆炸之后，又会将自己的组成物质再次播种在太空中。而太阳，正是这一系列元素的混合物。如前所述，太阳的形成耗时5000万年，但它从触发体内核聚变反应到成为一颗稳定的恒星，却只用了50万年。45亿年前我们的太阳被点燃，这也推动了行星的诞生：几百万年间，太阳辐射分离了轻元素和重元素，也随之孕育了小体型的岩石行星和大体型的气态巨行星。而那些没有被行星或小行星所吸附的物质，则会迅速被辐射清扫出局，就此结束了行星生成之路。太阳诞生之后，引力开始占据关键地位：是它推动了行星和卫星的快速形成，但同样也是它阻碍了主带的诞生。

　　现在让我们停顿片刻，来欣赏一下这场由不同元素和力所引发的混乱相互作用所谱写出的绝美交响乐，一起来看看，时间和各种毫不相关的因素又是怎样共同催生出了太阳系以及位于其中的地球。在我们看来，太阳系是雄伟的、有序的、永恒的。但我们都知道，这其实只是一系列漫无目的相互作用和应用于不同尺度的力学定律所带来的暂时性成果，其中每个物理事件和物质元素相互之间并没有交流。这个系统之所以在我们看来井然有序，是因为我们所观测到的是它演化进程中极为特殊的一个时刻。就像我们在看第一次圣餐[1]的照片时，会忘记那孩子也曾像所有其他孩子一样，都诞于血泊也终将化为尘土。我们似乎总是难以抑制地将这个时间节点上的太阳系认定为与众不同，并相信它和宇宙的其余部分一样，是为了我们才从混沌中演化出此刻的秩序。但物理学并不为这场幻觉买单：热力学第二定律告诉我们，所有进行热量消耗的活动——从拍手到内燃机的散热——都会不可避免地增加宇宙的无序性。正是出于这个原因，宇宙整体只能朝着以熵衡量的极致混乱发展。所以，太阳系从原行星星云演变至今天这般秩序井然，事实上制造了比一开始更多的混乱。这混乱源自宇宙演化不同时期所创造的无数光子，随之而来的，便是熵总量的增加。这种现象，与在宇宙间重新分布但总数始终为零的初始能量同理，只不过，在熵的案例里，某些部分会获得更高的秩序，那么作为代价，其他部分便会陷入更深的混乱。但与能量不同的是，熵的总量并非为零，它会不可抑制地随着时间推移而增长。或许其实更应该说，计算熵的数值，才是定义宇宙年龄最正确的方式。

　　现在让我们回到这年轻的太阳系。数亿年来，在小行星

---

[1]　罗马天主教的一个仪式。在仪式上，穿着白纱的小朋友第一次领圣餐。

和行星之间存在着持续不断的暴力冲突，很可能就是其中某场剧烈碰撞造就了月球的诞生。从行星的角度来看，太阳系的稳定结构已经维持超过 40 亿年，可谓漫长无比。那大家有没有想过，地球上究竟有过多少次日出和日落，而我们又错过了其中的多少呢？

　　小行星爆炸则是另一个因演化时间过长而被我们忽略的现象，毕竟剧烈撞击不可能发生在短暂的时间里。而事实上，这些撞击在行星形成之后也不会停止，它们只不过是在强度和频率上有所缓解。了解这一事实对我们而言格外重要，因为这关乎我们的生死存亡。在主带的成千上万颗小行星之中，可能会出现那么一颗小行星因引力的影响而随机游荡，在其他行星的轨道间穿行。危险的地方就在于它可能会在某一天与地球相撞。那我们有没有可能在这样一场小行星对地球的撞击中保全自身呢？坦白来说，我们也不是毫无对策，只是还在研究中。首先，我们需要对太空进行细致的观测，以区分正在向我们靠近的新生小行星，做好万全准备，定位它们混乱的运行轨迹，借此评估撞击出现的可能性与时机。长久以来，太空一直处于精密望远镜的监控之下，它们在进行此类信息收集的同时，也尽可能加强观测灵敏度。一旦确定了新兴小行星们在两颗行星轨道之间的运行轨迹，随之而来的便是新的问题：如果证实了小行星撞击的危机存在，那我们又该如何应对呢？即使行星保护[1]在当今的空间研究中是个活跃的领域，但现在的我们还没能发展出将这类小行星破坏，或使其偏离轨道的科技。在今天，电影《世界末日》[2]中的结局依然只是个纯粹的科幻意象。总而言之，我们都要学会与来自宇宙的这类威胁共存：虽然发生的概率极小，但威胁却很大。就像赌博游戏中，越大的赢面越罕见，也越令人措手不及。但在我们的案例里，它将带来严重的损失！还记得恐龙的下场吗？它们6600万年前的消失，可能正是源自一颗降落在墨西哥湾、直径为10～15千米的小行星，它所带来的灾难性后果，导致了大量物种的灭绝——而这，也成为最后一次因自然原因而非人类活动所造成的物种灭绝。关于这一点，我们将在后面进行探讨。

---

[1]　行星保护是设计星际任务的指导原则，旨在防止取样返回任务中目标天体和地球的生物污染。行星保护既反映了太空环境的未知性，也反映了科学界希望在对天体详细研究前保护其原始状态的愿望。星际污染分为两种类型，前向污染或正向污染是将活有机体从地球转移到另一天体；反向污染或返回污染则是将外星生物（如果存在）带回地球生物圈。——编者注
[2]　《世界末日》由迈克尔·贝（Michael Bay）执导，讲述了美国国家航空和航天局派遣钻油工人在即将撞击地球的小行星上钻井，并炸毁该小行星的故事。在结尾女主角成功引爆核弹，成功炸飞陨石，拯救了地球。

13

地球与气候

在宇宙间走钢丝

　　不是物理学专家也能明白，太阳，是我们所在的这颗行星的第一能量来源。我们前面已经讲过，太阳的能量变化低于每亿年1%。这还不是全部。只要想想，相比起太阳的稳定性，地球对于太阳辐射所做出的回应变化，显然更为剧烈。这也带来了环境与气候更为频繁的改变，而这一现象在最近千百万年里尤为显著，而主要原因则出自（行星）内部。

　　我们所在的这颗行星的气候，是各类因素间那时长不等的复杂相互作用所造就的结果；这一系列因素，在某种形式上都关系着地球从太阳那儿所吸收的能量的平衡。能量平衡，指的就是吸收的能量与再辐射或反射的能量之间的差异。太阳是一个表面温度高达5770开尔文的辐射光源；而抵达地球的太阳光，在光谱上的峰值由可见光（44%）组成，此外还有大量我们无法感知的红外线（53%）以及少许紫外线（3%）。

这部分能量在抵达地球后会发生什么呢？它们之中的35%将会被反射到太空中，51%则被地球表面所吸收（其中17%会再次被反射回太空，而34%则流于大气层），还有剩下14%则会被大气层所吸收。而大气层又会将这部分能量的48%，连带着从地球表面所吸收的那部分能量，再次辐射于太空。任何改变大气层或地球表面的辐射性质的因素，都会波及能量的平衡。我们可以想一下，由于火山活动，或地球表面因冰川、雪地、水流、植物甚至云层的平均覆盖率而导致的反射度改变，都会使大气层中温室气体（即二氧化碳和甲烷）的密度提升。同时也要指出的是，这种类型的变化一直都不罕见：它们会周期性地发生在地球生命演化的过程中，为气候带来深远影响。而其他影响能量平衡的因素，还有每41000年便会周期性改变的地轴倾斜度、磁场的变化以及磁极的暂时性逆转。

古气候学越来越精准和深入地研究，带我们追溯了过去5亿年里地球平均温度的变化。在前面我们所看到的一系列事实基础上，我们可以发现，数亿年间地球的平均气温都在当今数值的上下20摄氏度之间浮动着：这为气候带来了根本性改变，造成了这颗星球上无数物种的灭绝，同时也决定了存活物种的地理分布。

我们可以发现，在上新世[1]和更新世[2]时期，也就是人类进化完成的那 600 万年间，地球平均气温比较稳定：当时的平均温度比今天低了近 4 摄氏度，最低温度为 2～4 摄氏度，伴有短暂的温度上升。而在全新世[3]，也就是发展出所有人类文明的这最后 1.1 万年里，平均气温不可思议地稳定，在当今温度上下 1 摄氏度间浮动。如果说，在进化过程中人类所承受的气候变化是各种地球物理[4]因素所造成的，那么我们也要承认，在这最近一个世纪里大家共同目睹了一系列前所未有的事件——工业革命和人口增长，这些事件已经开始对气候造成显著影响。温室气体尤其是二氧化碳的排放，增长了 35%，达到了过去 42 万年的最高值。最新的可靠数据

---

[1] 上新世是地质时代中新近纪的第二个世，时间从 533.3 万年前开始直至 258 万年前结束，位于中新世和更新世之间。

[2] 更新世，也称洪积世，时间自 258 万年前开始直至 1.1 万年前结束，为地质时代中新生代第四纪的第一个世。这一时期绝大多数动植物属种与现代相似。其显著特征为气候变冷，有冰期与间冰期的明显交替。

[3] 全新世是最年轻的地质年代。根据传统的地质学观点，全新世一直持续至今。

[4] 地球物理学，指研究地球整体及其组成部分的性状、结构和各种物理过程的科学，研究媒介通常有地震波、电磁、重力、地热、放射能等。狭义的地球物理学特指地质学上的应用，研究内容包括地球形状、重力场和磁场、岩浆和板块形成、火山形成及其活动等。现代地球物理学的定义则更为广泛，研究内容包括了水循环、海洋和大气的流体动力学，电磁特性，甚至太阳、月球和其他行星与地球的关系。

表明，这一增长导致地球平均气温在 140 年间上升了 0.8 摄氏度。而眼下刻不容缓的严峻问题是，平均气温正在以每 10 年 0.15～0.20 摄氏度的节奏上升；这样下去，在 21 世纪末，地球的平均气温将提升 2～6 摄氏度。还记得时间的尺度吗？在地质学上，两个世纪也不过一眨眼。真正令人担忧的是，我们此前从未观测到如此令人始料未及的改变。这将是过去一万年以来达到的最高温度，甚至超过了上新世末（即 258 万年前）的温度——而当时的海平面很可能比今天还高 25 米。我们的存在，依赖于持续长达数十亿年的自然现象，它们有的以千年为单位计算，而气候变化则要以世纪计。我们的生态系统在宇宙平衡间发展，而我们之所以存在，也正是因为自然演变的时间节奏缓慢。但人类对气候造成的影响，却将这一切无限加速了。

我们这一物种在这宇宙间的存在，就像空中表演走钢丝的演员一样，他爬上了另一个演员的肩膀，而后者又坐在高悬于虚空的椅子之上，仅靠一根钢丝保持平衡。这奇迹般的平衡之所以能够实现，是因为杂技演员的训练有素和全神贯注——他们清醒地意识到自己每个动作将造成的后果。那我们，能做到像他们一样优秀吗？

14

生命的曙光

自发还是外来？

现在，让我们暂时放下没有灵魂的宇宙，将视线投向生命的诞生，来欣赏一下宇宙这场宏伟的交响乐中人类参与度最高的篇章。

如果黎明代表着一天的开始，那新事物出现的第一个瞬间便意味着一个新时代的开始。我不禁想象，我们的祖先，某个原始人，在举目仰望天空时，第一次提出了这样的疑问：我们从哪里来？这个问题和种族命运、个人归宿一起，自始至终伴随着人类的发展。那是我们难以想象的遥远时代，但却意外地令人感觉恍如昨日。事实上，尽管科学家和哲学家们尝试以多种方式提供了五花八门的答案，但从严谨的科学角度上说，我们并没有取得什么显著的进步，尽管在最近一个世纪里我们取得了巨大的科技进展。

回过头来想想，我们对生命的起源究竟了解多少呢？让我们从常识出发一起来看看。正如大家所知，地球上的生命现象，源自一种非生物发生[1]机制——惰性物质会陆续形成复杂的分子结构，实现自我复制、自我组装、自我催化，并最终生成细胞膜这一生命结构必不可少的组成部分。如果按照这样发展下去，那么新的问题又来了：地球上的生命，到底是起源于局部地区的生物发生，还是被彗星或小行星携带而来？

还有一种假设则被称作胚种论，这一观点认为，宇宙间生命数量丰富，它们试图在所有天体上繁衍生息，而生命的演化只取决于寄宿行星的环境条件。

究竟哪个才是正确答案，我们现在还不知道。

有关这两种观点的线索我们都各有一些，但还没有任何决定性证据。例如关于化石的研究，证实了以单细胞生物形式存在的生命早在 37 亿年前便已出现，而那时的地球，还是个诞生不过 8 亿年的年轻行星。甚至还有一些极具争议性的

---

[1] 非生物发生，即化学进化，一般指生命出现以前的物质变化过程。分四个方面：①从甲烷、氨、水（或二氧化碳、一氧化碳、氮、水）那样的原始大气组成成分到氨基酸、碱基、糖那样的构成细胞成分的原始有机物的诞生；②由原始有机物聚合而成的类似于蛋白质、核酸等高分子化合物的出现；③以高分子化合物为中心的复杂的团聚体的成立；④原始细胞的诞生。——编者注

线索，证明 42.8 亿年前便已经出现了生命迹象，而那差不多是原始海洋形成一亿年之后，地球处于一个足以孕育生命的安全环境。现存生物 DNA 结构的分析研究，揭示了（生物间）显著的相似性，这意味着当今形式多样的物种都曾有共同的祖先。这些线索使人更加相信地球生命发展迅速，它们从海洋开始逐步攻陷了整个星球，在数十亿年间不断演化，直至形成了多细胞生物，组建了动植物王国。而另一方面，化学过程[1]和生物过程[2]之间的差距，至今阻碍着我们为生命的诞生勾勒一条令人信服的自然发生轨迹。1952 年，美国生物学家、化学家斯坦利·米勒（Stanley Miller）做了一个实验：他用一个装有液体和气体混合物的安瓿瓶，试图重现与所谓的地球原始汤[3]相同的环境。他发现，在对无机分子进行放电处理时，会产生几大主要氨基酸，也就是构成蛋白质的有机成分。在最初的实验中，米勒检测到了参与生物过程的 20 种氨基酸中的 11 种，但最近对他的数据进行重新分析

---

[1]　化学过程在科学上指改变一个或多个化学物质或化合物的过程。这类过程的发生可能源自自身或外部因素，同时引发某种形式的化学反应。

[2]　生物过程是指生物体维持自身功能完整性和与环境因素相互作用的动态过程。生物过程是由许多化学反应或其他与维持、转换生命形式相关的事件组成的。例如，代谢和稳态都属于生物过程。

[3]　原始汤是部分科学家假设的一个原始环境，在这里由化学 - 物理反应生成的物质可能正是最初生命的起源。从化学角度来看，原始汤是含有无机盐和各种以碳、氢、氧、氮为基底的简单化学合成物的液态混合物。

显示，发现了所有 20 种氨基酸的存在痕迹。这个发现意义重大，但一切都还只是个开始，因为从氨基酸到真正意义上的细胞，中间所需的生化过程无比漫长，而且在概率上我们也难以评估这一过程是否在数亿年间切实地在我们这颗行星上发生过。毕竟，一个能够进行自我繁殖的活体结构，相比起氨基酸而言，其复杂程度要高出数兆倍之多。

那现在让我们来看看这一数字是如何得来的。氨基酸通常由二十几个原子组成，它们的平均质量约为 110 个原子质量单位[1]。将氨基酸的原子数量乘以千倍，我们便可以得到蛋白质——它们可以囊括多达数万个氨基酸；若以原子为单位的话，则可以高达 50 万。我们可以用病毒的复杂程度与蛋白质做个对比：最小的病毒由近 18 万个原子所组成。但病毒还不能算作有机生命，因为它的繁殖需要依赖于宿主，也就是细胞。而将病毒的原子数量乘以千倍，则将病毒转变成了细菌，一种由数亿个原子组成的最小单细胞有机生命。细菌比高级生物的一个细胞还要小许多，但它们之间的复杂度差距则高达百万倍：一个人体细胞差不多由 10 万亿个原子组成。毫无疑问的是，生化过程一旦被成功激活，便可以一直维持坚实稳定的走向——尽管这过程无比复杂。其中一个例子便

---

[1] 原子质量单位，符号 u，是法定计量单位中计量原子质量和核素质量的单位，定义为一个处于基态的碳 – 12 中性原子的静质量的 1/12（约 1.661×10^{-27} kg）。

是植物中随处可见的光合作用。它基于一系列错综复杂的生化反应，以至于科学家们在研究了一个多世纪之后，也还没能够完全将其参透。尽管这一化学分支的研究成果已经带来了至少 13 个诺贝尔奖，却也还存在着不少未解之谜。就比如说今天的我们，还无法以光合作用的基本原理设计出类似的运行机制，而大自然早在很久以前就已经实现这一过程并创造出了无数适应性变体。这一事实本身并没有什么特殊含义，它主要是用来提醒我们当下人类的无知程度。当然，同时它也是一个引人深思的现象，更准确地说，应该是提出了一个质疑：大自然之所以能够发展到这样一个生命特有的复杂程度，究竟是纯属偶然，还是说存在着一条我们未知的既定道路，能够在相对合理的短时间内将简单的化学分子转变成复杂的生物细胞？

理论物理学家史蒂芬·沃尔夫勒姆（Steven Wolfram），以开发了 Mathematica 这一广泛应用于全球的强大科学计算分析软件而闻名于世。他对被称为细胞自动机[1]的函数进行了长期研究：这是一种相对简单的迭代函数[2]，其中每一格的状

---

[1]　细胞自动机，又称格状自动机、元胞自动机，是一种用于描述复杂离散演变的数学模型，被应用于计算理论、数学、物理以及生物领域。

[2]　迭代函数是在碎形和动力系统中被深入研究的对象。迭代是重复反馈过程的活动，迭代函数便是反复运用同一函数进行计算，前一次迭代得到的结果会作为下一次迭代的初始值输入。

态都取决于与其相邻的格子状态。简而言之，这可以算是数学家约翰·康韦（John Conway）在 20 世纪 60 年代末发明的康韦生命游戏[1]的复杂版本。沃尔夫勒姆的研究向我们表明了，部分函数是如何在演变过程中凸显出稳定岛[2]的。类比一下，这就相当于细胞自动机的复杂结构是如何在一长串迭代过程后继续维持的。之后，这些细胞自动机将以随机的方式，又向着另一个更为复杂的稳定岛演变。类似的过程同样也发生在生物进化中：今天基因测序技术已经证实，同根同源的单细胞生物 DNA 可以通过遗传稳定岛进行演变，保持中间步骤的顺序一致不再是必要条件。这就像某座桥，一步步跨越镶嵌在水道中的稳定石块，经历了数次试验和错误之后，

----

[1]　康韦生命游戏，又称康韦生命棋。游戏建立在一个二维矩形世界上。这个世界中的每个方格居住着一个细胞，每个细胞有存活或死亡两种状态；而其下一瞬间的生死状态，则取决于相邻八个方格中存活或死亡的细胞数量。如果相邻方格活着的细胞数量过多，这个细胞会因为资源匮乏而在下一个时刻死去；相反，如果周围存活的细胞过少，那么这个细胞同样会因孤单而死去。实际中，玩家可以为周围存活的细胞设定一个适当的数值，以决定该细胞的生死——如果这个数值过低，世界中的大部分细胞会因为找不到太多的存活邻居而死去，直到整个世界的生命都消亡；而如果数值过高，世界又会被生命充满而导致毫无变化。最初的细胞结构可以被定义为种子，当所有种子中的细胞同时被以上规则处理后，可以得到第一代细胞图。按规则继续处理当前的细胞图，便可以得到下一代的细胞图，周而复始。

[2]　稳定岛理论是核子物理中的一个理论推测。根据这一理论推测，当一个超重元素的原子核所拥有的质子数和中子数为"幻数"时，那么这个元素便会特别稳定。在这里作者借此作为比喻。

终于带我们从河流的一端来到了另外一端。稳定岛可以说是个合理的形容，它可以被用来描述从无机化学到细胞那复杂的生物化学的转变过程。例如细胞的新陈代谢便是建立在一个如 RNA（核糖核酸）这样的巨型成分之上。RNA 是一种与 DNA 相似但却能够进行自我复制的高分子，它可能代表着细胞发展过程中的一个中间点。就这个意义而言，自然发生论和胚种论这两大理论，在当今学术基础上都被认为是可能的，那也同时意味着，宇宙中生命的出现不过是个概率问题，也就是时间问题。而这个开放问题的答案，就是一个足够复杂、能够进行繁殖的生物诞生所需要的时间和尝试的次数。一颗行星所拥有的时间和可能性，相比一整个星系里数十亿颗行星，简直微乎其微。因此，如果生命的出现飞快迅猛，那么我们就不再需要胚种论，因为这说明生命将在宇宙任何条件允许的地方自行发展。

为了定义这所谓的"飞快迅猛"，我们可以用地球诞生生命所需要的时间做比较，即几亿年。那么，相反，如果生命的出现耗时更久，那我们就要假设它是诞生于宇宙某处，并具有在星球甚至星系之间转移的可能性。那么，生命又是如何穿越行星和恒星之间的浩瀚太空进行转移的呢？

15

星际移民

星系间的生命迁移

当我们意识到有太阳系外的东西入侵时，奥陌陌[1]（夏威夷语意为侦察员），早已通过了近日点[2]，并如同来时那般悄无声息地抽身离去。2017年人们初次目击到这颗来自银河系另一区域的小行星———一个来自遥远世界的信使。那我们对这个可能呈雪茄形的黑暗碎片又了解多少呢？究竟是什么，让它以惊人的速度和运动轨迹造访了我们的太阳系之后又飞速撤离？

我们对其知之甚少。我们知道它不是由冰构成，因为它在接近太阳时没有像彗星一样发亮，[3]那也就意味着它一定是

---

[1] 奥陌陌（Oumuamua）是已知的第一颗经过太阳系的星际天体。

[2] 近日点是指绕太阳运行的天体（行星、彗星等）在轨道上离太阳最近的点。

[3] 彗星接近太阳时，冰物质受太阳辐射而升华，形成长长的雾状彗尾。——编者注

岩石型。我们知道它不发散电磁辐射，因为最强大的射电望远镜[1]都没能摸清它的踪迹。它的轨道被太阳引力所束缚，而其中有一小部分非惯性干扰，则源自我们的太阳对它所施加的辐射压。我们还知道它在进入太阳系之前的速度，与我们所身处的银河系的天体相差无几。这让我们排除了它来自附近星球的可能性——如果是这样的话，它的速度不会这么快。不过我们已经确定了四颗它可能路过的遥远恒星，在过去的几百万年间它很有可能曾经穿行于其间。而当时它那缓慢的速度，不禁令人遥想，它是否正来自这四颗恒星系统中的某一个。所以，实际上，我们还没能准确得知它从何而来，也不确定它在此前是否已经造访过我们的太阳系、路过多少个其他星系，以及它本身又是何种构成。一种假设认为，它是太阳系外某颗被潮汐力[2]破坏的行星所遗留的碎片。如果真是这样，那它将成为比那群位于主带或奥尔特云[3]的小行星——它们直接成型于初始星云——更为罕见的物体。不过可以确定的是，在以百万甚至

---

[1]　射电望远镜是一种专门的天线和无线电接收机，在射电天文学中用来接收天空中从天文射电源发射的无线电波。

[2]　潮汐力是一种差动力，也是引力场的次级效应。它产生的原因是一个物体的不同部分受到的来自另一个物体的引力场强度不相同，在靠近引力场源那侧受到的引力大于远离的那侧，引力不均造成了物体被拉伸。

[3]　在理论上，奥尔特云是一种围绕太阳、主要由冰微行星组成的球体云团。目前对奥尔特云没有直接的观测证据，但科学家仍然认为它是所有长周期彗星、进入内太阳系的哈雷类彗星、半人马型小行星及木星族彗星的发源之地。

千万计的时间跨度内，像奥陌陌这样的碎片是有能力穿越不同星系的。曾经甚至有估算预测，每天都有十万颗来自太阳系外的小行星在海王星的轨道上穿梭。

因此，如果能对它们进行研究，探明它们的构成，相信一定乐趣无穷。而且这种类型的小行星似乎非常适合运载生命，它们可以将冬眠状态下的生命形态从银河系的一端输送到另一端。但这些碎片的移动速度过快，这使得对它们的观测变得格外艰巨；不过这也并非天方夜谭，毕竟未来人类的观测技术将大幅提升，我们将有能力完成在发现奥陌陌时未能完成的观测。而另一种观点则认为，一部分太阳系外的物体之所以被困在我们这个太阳系中，是因为它们在与木星的某次亲密接触中失去了部分能量；对此我们已经列出了一部分"候选人"，而这将有助于我们未来探测任务的实现。

不过太阳系内的行星，也在以相当高的频率互相交流并进行着物质交换。可能不是每个人都知道，尽管我们还没有组织任何一场火星探测前去采集材料，但我们已经在地球上发现了十几个来自火星的岩石样本。因为火星的大气层稀薄，（发生于火星的）陨石轰炸[1]所产生的碎片便有可能散落于太

---

[1]　陨石轰炸指的是，在后期重轰炸期，即41亿年前至38亿年前，也即地球地质年代中的冥古宙及太古宙前后，在月球、地球、水星、金星及火星上发生的不成比例的大量小行星撞击事件。

空中；而其中的一部分便会像其他普通陨石一样，穿越我们的大气层抵达地球。将各种陨石的同位素组成与美国国家航空和航天局（NASA）各类机器人在火星测得的数据进行比较，便可以将火星陨石和其他陨石进行识别并加以区分。

最后需要牢记的是，太阳系在长达 2.2 亿年的时间里，都围绕着银河系的中心公转：从太阳系诞生的 45 亿年前开始至今，它已经完成了约 20 次周转。这意味着在地球出现生命的时间跨度内，新生的太阳系已经完成了至少三次周转，并与遥远星系的碎片进行了接触。

2019 年，我参加了加利福尼亚大学伯克利分校的突破论坛，主题为 "Migration of Life in the Universe"[1]。当时我对论坛的主题充满困惑：我们对宇宙生命几乎一无所知，又从何说起宇宙间的生命迁移呢？但联想到对奥陌陌的观测，我很高兴当时参加了会议。我被会议的科研质量和这个话题的极致魅力所震撼。生命，可能并不需要通过如岩石般巨大的飞船进行星际移动。想想我们已知最小的生物，细菌，或者那些能够在细菌体内生存繁殖的病毒：它们的微小尺寸不禁令人联想，是否还有其他更适合进行生命运输的载体。例如极其微小的冰晶和尘埃，它们可以携带能够存活于太空的细菌

---

[1]　意为：宇宙中的生命迁移。

和孢子[1]，从行星高层大气[2]开始，一路在太空中播种。而当物体的体积变得越来越微小的时候，取决于质量的引力和恒星表面的辐射压之间的平衡将会被打破，而后者将占据上风。就像行星在身后留下一阵香气一样，辐射可以将这片携带着冬眠生物的行星尘埃推进至极高速度，并就此离开，前往其他适宜繁殖进化的星系或星云，进行传播。我们习惯于将太空定义成一个空旷广阔的空间，完全不适宜生命居住，那么或许是时候改变看法了，因为太空并非如我们想象的那般空无一物：实际上，银河系的各个区域都在相互进行着物质的交换交流，其时间跨度之长，几乎可以和我们地球上生命起源的时间尺度相媲美。

那我们又如何估算生命在太空中存活的概率呢？好吧，在这一点上大自然也将令我们大吃一惊。事实上我们知道，有几个物种能够忍受如太空那般极端恶劣的生存条件（近乎绝对的真空、极端的温度和电离辐射），比如各类的地衣、细菌和孢子等，它们都能够通过流失身上所有的水分进入到一

---

[1]　孢子是一种脱离亲体后能直接或间接发育成新个体的单细胞或少数细胞的繁殖体，一般有休眠作用，能在恶劣的环境下保持自有的传播能力，并在有利条件之下才直接发育成新个体。孢子一般微小，由于性状不同，发生过程和结构的差异而有种种名称。

[2]　高层大气是指距地面 85 千米以上的大气层，以地球为例，主要包含平流层上部、中间层、热层和逃逸层。

个完全休眠的状态进行存活，这种状态可以持续很久，一旦回到潮湿的环境，它们便能立刻恢复原状。这一点已经在国际空间站以及各类实验测试中得到了验证。此外，结构更为复杂的浮游生物，也同样经受住了严峻环境的考验。

而另一个非同寻常的案例则是缓步动物水熊虫。这是一群随处可见的小动物：它们身长约 0.5 毫米，生活在水中，拥有八只爪、一张嘴、一个简单的消化系统和神经系统，以及一个大脑。它们能够进行有性繁殖。它们在自然界中演化出了成千上万种形态，组建出了一个独特的新陈代谢系统。为了抵御长期的干旱条件，它们可以达到完全脱水，通过流失身体约 90% 的水分萎缩成一个微小的桶状形态，就像在进行自我冻干[1]一样。完成这一流程后，它们的新陈代谢速度将会比往常放缓一万倍。而真正令人惊奇的是，它们可以维持这样的状态长达十几年之久，而一旦被水打湿，仅需几十分钟便可以将它们唤醒。不仅如此，在脱水状态下，它们甚至可以忍受绝对真空和远超正常大气压数千倍的高压，以及接近绝对零度或高达 150 摄氏度的极端温度。它们所能抵御的辐射强度比人类高出几百倍，而人类在同等情况下根本无法

[1] 冷冻干燥，简称冻干。这是一个利用冷冻方式干燥食材的方法，常用来保存易腐坏的食物，通常会先冷冻食物，再将周围压力降低，使得食物中冻结的冰直接升华，由固态变为气态。

存活。这种坚硬外壳的秘密在于一种糖，即海藻糖[1]，它也被广泛用于食品工业：在水分流失之后，这种糖可以代替细胞中的水分子，使动物达到一种玻璃化[2]状态。

此外，缓步动物的基因被一种特殊蛋白质所保护，它可以减轻辐射带来的伤害。这样一个事实让我们不禁怀疑这些小动物是否来自外太空。但我觉得不是。恰恰相反，他们特有的新陈代谢系统正是在我们这颗星球上适应演化[3]的结果：事实上缓步动物是极少几个从地球五次大灭绝[4]中存活

[1]　海藻糖是广泛存在于自然界的动植物和微生物中的一种双糖。生物合成海藻糖是为了储存能量和吸收水分，用来对抗冰冻和缺水。

[2]　玻璃化指的是在物质从液态冷却的时候，由于冷却速度太快或者结晶速度太慢等动力学原因，或者由于分子自身不存在重复单元而无法形成晶体，而导致被冻结在液态的分子排布状态的一种形态。

[3]　适应演化指的是物竞天择之后，生物在生理或行为等层面演变出适合在特定环境生存的特征。

[4]　集群灭绝事件是指在一个相对短暂的地质时段中，在一个以上并且较大的地理区域范围内，整个生态系统的多样性和个体数量均出现短暂而突然的、大幅度地下降甚至遭受毁灭性的打击。地球上有五次大规模的集群灭绝事件，由大卫·骆普（David M. Raup）和杰克·塞科斯基（J. John Sepkoski Jr.）在1982年发布的论文中最早进行认定：第一次大灭绝是发生在4.4亿年前的奥陶纪大灭绝，导致60%的物种灭绝；第二次是发生在3.65亿年前的泥盆纪大灭绝，主要是海洋生物受到毁灭性打击；第三次是发生在2.5亿年前的二叠纪大灭绝，这次灾难导致了96%的物种灭亡；第四次是发生在2亿年前的三叠纪大灭绝，导致了76%的物种灭亡，主要是海洋生物；第五次大灭绝则是发生在6500万年前的白垩纪大灭绝，这次灭绝的标志是恐龙完全灭绝，并导致了50%以上的陆地植物和动物消失。

下来的物种之一。这也是为什么它们会成为搭载陨石或彗星进行漫长太空之旅的最佳候选人。在 2019 年 4 月初以色列私人探测器"创世纪号"（Beresheet）在月球坠毁之际，缓步动物在媒体上获得了一定的名声。这台探测器携带了一组脱水的水熊虫：鉴于它们体型微小，我们有理由相信，它们会有机会在坠机中幸存并长期维持在休眠状态，随时等待着被唤醒。如果将这台以色列探测器换成一颗小行星，那么这简直可以算是"生命如何抵达地球"，或者是"生命如何从地球移民到其他行星"的教科书式演绎。

但即使我们正在努力接近真相，生命的起源问题依然无法解答。最近十几年里，功能愈发强大的计算工具让我们能够从最原始的量子力学法则开始，一点一滴重现由上万个原子组成的复杂分子系统。计算生物学[1]日新月异，唯一的问题只不过是计算强度罢了。

同时，我们对基因的解码和干预技术也得到了大幅提升。我们已经能够制造出简化的原始基因结构：它们源自生物，能够进行繁殖。这就是今天所说的诞生于人类基因的人造生

---

[1] 计算生物学是应用数据分析、数学建模和计算机模拟技术研究复杂生物系统和生命科学问题的交叉学科。研究内容包括蛋白质结构预测、比较基因组分析、基因与蛋白质计算机辅助设计、生物系统建模、细胞信号传导与基因调控网络分析以及相关计算软件研制等。

命[1]，一个充满无限发展空间的领域。

　　因此，我们未来的实验目标很可能将是创造复杂的分子结构，或是在病毒和细菌的进化中寻找遗传基因稳定岛的存在。届时，我们对生命是如何在地球发展的这一问题将会有更深入的了解。说不定到时候我们甚至可能会发现，外星人只不过是自古与我们共存的某种特殊生物形态而已，而我们现在却还在火星上和木星、土星的卫星的冰层下苦苦追寻他们的存在！

---

[1]　人造生命也称合成生命，指利用生物技术干预，改变遗传密码从而产生新的生命个体的研究。

[16]

其他太阳，其他世界

银河系外的行星

在宇宙的这个角落里诞生了太阳系之后，我们没有理由不去猜测宇宙的其他角落不会发生些什么。太阳系外行星[1]的概念，诚如所见，并不是什么新鲜事。而问题是，恒星和行星的形成是如此复杂，这让我们至今依然无法通过概率去计算一颗恒星究竟拥有几颗行星。乔尔丹诺·布鲁诺（Giordano Bruno）——16世纪卓有远见的杰出思想家，他远超哥白尼，直接假设了其他世界的存在。其中每个世界，都有可能是万物的中心：上面可能有生物居住，也可能比我们这个世界更好。他在《论无限、宇宙与众世界》（1584）中写道：

> 天空，是广袤无垠的空间，是胸怀，是共同的大陆，

---

[1] 太阳系外行星或系外行星，指的是位于太阳系之外，不绕太阳公转的行星。

是万物在其中交流移动的空灵区域。无数的星星、星座、星球，太阳和地球可以被我们感知，我们可以用理性推断星体是无尽的。浩瀚宇宙，由这空间和其中所包含的一切物体共同组成。

同样，艾萨克·牛顿在描绘万有引力时，也曾对其他行星系的存在可能性进行过想象。不过直至 20 世纪 90 年代初，我们才等来了第一颗系外行星存在的证据。1992 年，射电天文学[1]家亚历山大·沃尔兹森（Aleksander Wolszczan）和戴尔·弗雷（Dale Frail）确认了两颗围绕着脉冲星公转的行星。脉冲星是一种高速自转的中子星，它们很可能诞生于超新星爆炸，起源于某个与我们太阳系截然不同的环境。在这种情况下，这些所谓的脉冲星的行星，有可能是幸存于超新星爆炸，并进入了脉冲星轨道的气态巨行星所遗留下来的部分核心碎片。因此直到 1995 年，我们才观测到第一颗真正的系外行星。瑞士天文学家米歇尔·马约尔（Michel Mayor）和迪迪埃·魁若兹（Didier Queloz）发现了一颗绕恒星飞马座 51 公转的行星。这颗恒星和太阳一样同为 G 型主序星，因此我们也可以期待，它所在恒星系的形成机制可能与太阳系相同。

---

[1] 射电天文学是天文学的分支学科，是应用无线电技术，观测、研究天体和其他宇宙物质发射或反射的无线电波的学科。

五个世纪之后，乔尔丹诺·布鲁诺那超前的直觉和其他许多与那个时代不符的想法，那让他付出以火刑为代价的一切，在今天都已经被科学所证实。不仅如此，今天我们对这个领域的探索正在急剧加速：原始星云的属性（化学成分和温度），星系中央恒星的特点（大小、光度和稳定性），以及微行星和正在形成的行星间的引力牵引——这一系列参数多如牛毛，关系复杂，令人不禁遥想它们之间的无限可能。而这一切猜想也已经通过对多个星系的观测得到了证实。到了2019 年，我们已经知道了超过 4000 颗系外行星的存在，还有另外 3000 颗正有待确认。我们发现系外行星的速度逐年翻倍，它们之间的差异也与日俱增。2020 年，我们观测到了第一颗质量与地球相仿但却不受制于任何恒星的系外行星，它游荡于我们的银河系附近。同时，系外行星的探索任务也纷至沓来，仅欧洲航天局（ESA）就着手了三个。

同时，我们再也没有理由将地球视作一颗典型行星了，因为在观测了成千上万个案例后，我们发现，许多行星都具有自己鲜明的特色。我们主要关注的是那些和地球一样的岩石行星。首先有一个问题：行星的气候条件是否能够让行星表面维持液态水。注意，这并不代表那些行星上有水，这只是说明至少在一年的某个时段或行星的某个区域内，气温处于 0 摄氏度以上。在了解了恒星的特点之后，我们便可以定义出一个距离区间：这个范围存在上述的条件。

而这个距离区间被称作适居带[1]。地球显然稳坐太阳系适居带的中心，但火星和金星，也同样在这一区间边缘游走。不过我们都知道，在这两颗星球表面都没有发现液态水。

这是怎么回事呢？

火星是因为，它在 30 亿年前曾经失去过自己的大气层，其原因可能是自身磁场的消亡；而正是磁场，在宇宙射线和太阳风[2]中保护着火星。我们知道，火星上曾经存在着很多水，但现在它的表面却只有土壤覆盖下的一层冰霜。但最近，我们在它的地壳深处，倒是发现了由液态水所组成的湖泊。

至于金星，则堪称温室效应的教科书式演绎。因为金星的表面温度极高，于是温室效应显著加剧。事实上，金星在许多方面都与地球十分相似，但它的大气层是由二氧化碳组成的，密度惊人；它的气压更是比地球气压高出 90 多倍。而这一切，都要归结于它那高达 480 摄氏度的平均温度，正是这让整颗星球表现得像高压锅一样封闭紧实。我们不排除金星在很久之前曾经拥有过大量水的可能，但在现有条件下，

---

[1] 适居带是天文学上给一种空间的名称，指的是行星系中适合生命存在的区域。适居带中的情况有利于生命的发展，并且可能像地球般出现高等生命。

[2] 太阳风是指日冕因高温膨胀而不断向行星际空间抛出的超声速等离子体带电粒子流。

这些液态水只会瞬间蒸发。

由此得以看出，坐落于适居带，并不是检验一颗行星是否能像地球一样出现生命的充分条件，这充其量也就是个先决要素。行星的演化史，尤其是抵御其母恒星辐射的保护机制，如磁场的存在以及其星球构成，才是真正的决定性因素。想想火星，构成它的大部分物质都是我们熟悉的红色沙漠，但在诞生之初的 10 亿或 20 亿年间，那里却曾经是汪洋大海。因此，同样，一颗系外行星是否适宜居住，并不仅仅取决于它的物理性质，而更取决于时间，也就是它的历史。

显而易见，随着我们观察到的系外行星越来越多，出现类似地球的行星的概率也随之增加。这一点显然大大激发了大众的想象。我们时不时就能在头版头条看见，哪里又发现了一颗与地球完全一致的行星。事实当真如此吗？并不见得。实际上那些行星只是与地球体型相仿，并与其母恒星保持着与日地距离相似的距离，但仅从这些推导出生命存在的可能，未免操之过急。等到未来某天，当我们对每颗系外行星的信息，尤其是它们的大气成分都了如指掌之时再下判断，才更有说服力。

至于那些运行轨道平面与地球观测点对齐的系外行星，最有效的检测方法则是观察其母恒星光度的变化，因为在行星路过恒星时，其母恒星的光度会有微弱的下降。这是一个用当今技术就能简单分辨出的明确信号：当一颗行星从其母恒星面前经过时，无论这颗行星的大气多么稀薄，都会有一部分的恒星光线被过滤。目前正在进行一些实验，试图通过对这种过滤效果的测量，推断出行星的大气成分。要实现这一点需要对仪器的灵敏度进行大幅优化，但我们相信这用不了多久就能够实现。近期还初次公布了在某颗遥远系外行星的大气层中存在水蒸气的证据。今天的我们已经能够通过间接推理，了解部分系外行星的特点，例如最近发现的复杂行星系，Trappist-1 和它的七颗行星。Trappist-1 是一颗位于宝瓶座距离地球约 39.5 光年的红矮星。它比太阳小得多，质量约为太阳的 8%，表面温度不及太阳的一半，体型则略大于木星。Trappist-1 行星系的大多数行星都坐落在适居带，而其中有一颗的地球相似指数[1]更是高达 0.9（地球自身的相似指数为 1），是有史以来的最高数值。

说起来，火星也有 0.8 的地球相似指数；不过 Trappist-1 的这颗行星显然更为友好，因为那里很可能存在数量可观的液态水。听起来似乎不错？非也。这个小型太阳系外行星系

---

[1]　地球相似指数（ESI），这一数值是一个标定其他行星和地球相似程度的指数，范围在 0 和 1 之间。地球相似指数针对行星而设计，但也可以用于大型天然卫星和其他天体。地球相似指数可以经由行星半径、密度、逃逸速度和表面温度代入公式计算得知。通常指数在 0.8 到 1 之间的行星，都拥有岩石组成的表面，并可以在气候温和条件下保有类似地球的大气。

所拥有的行星，很可能都被潮汐锁定[1]：它们都以同一个面，面对着这颗红矮星。这会导致显著的日夜温差，并引发持续而剧烈的风暴；其中气候最为温和、最适宜生命居住的区域，则是曙暮光区[2]，即划分日夜的位置。另一个值得注意的因素是红矮星的活动：它们时常会发出远比太阳这类 G 型星更具危害性的恒星耀斑[3]，而这将极大影响围着 Trappist-1 公转的各个行星的大气层。

综上所述，得益于从地球和太空所进行的观测，尤其是美国国家航空和航天局的开普勒卫星所采集的数据，我们发现了数以千计的系外行星。而事实上天文学家们早已先人一步，他们决定编纂一本行星寓言，来记录行星们那些奇特甚至堪称怪异的特征。

举个例子？比如曾发现过一颗粉色的系外行星，而另外有一颗则通身漆黑。某些系外行星会因公转时与其母恒星相距过近而高温蒸发，另外一些则能够维持极高的表面温度。另外还有发现证实，某些岩石行星会因为潮汐锁定而始终以

---

[1]　潮汐锁定，也称同步旋转，指的是行星或卫星的自转周期和公转周期时间大约相同，这使天体永远以同一面对着另一个天体，例如月球就被地球潮汐锁定。

[2]　曙暮光区，也称晨昏圈或晨昏线，是一条虚拟的线，是在卫星或行星表面上，与太阳光正切的所有点集合形成的轨迹，即白天与黑夜的交界线。这条线在地球上分割出了昼半球和夜半球。

[3]　耀斑是在恒星表面或边缘观测到的突发闪光现象，它们会释放巨大的能量。

同一面朝向自己的母恒星，就像月球和地球一样。它们的其中一面表面温度比熔化的铅还要高[1]，另一面又会降温至极寒。各位不妨想象一下，在曙暮光区（也称晨昏线）里，富含金属元素的厚重云层会不时落下充满铅和锡的雨滴。还有些行星，虽然身处适居带，但它们椭圆形的轨道过于狭长，以至于当它们抵达远日点，也就是距离其母恒星最远的时候，整个星球上的水都会被冻结；而在近日点，也就是与其母恒星距离最近的时候，所有水分又会被蒸发。就仿佛夏天，地球上所有的海洋、河流和湖泊都变成了厚重的云层；而秋天的一场倾盆大雨，又把水分带回了星球；在随后漫长的冬季里，它们又将尽数凝结成冰。

催生这些行星的原始星云，可能与太阳系的原始星云大相径庭。鉴于碳是宇宙中仅次于氢、氦和氧的第四丰富的元素，那么我们或许可以进行合理的想象：这片星云中，碳比氧的含量更大。在这种情况下所形成的原行星盘，不再是以硅、氧以及硅和钛的碳化物为基底的固态合成物。诞生于其中的这类行星依然可以像地球一样，拥有一个富含铁元素的核心，但同时它们的表面又会被石墨所覆盖：在足够的高压下，这层表面还将笼罩上一层金刚石。在火山活动之际，岩浆的喷发甚至会堆积出连绵如山的钻石和碳化硅。

---

[1] 铅的熔点为 327 摄氏度。

恒星以某种频率，或成双成对或三个一组地诞生，但这并不影响行星的形成：无数系外行星围绕着联星[1]公转，而这使得日出和日落的概念变得无比复杂；而其中尤其值得一提的便是距离太阳最近的恒星，比邻星[2]。它隶属于一个三合星[3]系统：比邻星是一颗小型红矮星，而南门二[4]即半人马 α 星 A（Alpha Centauri A）和半人马 α 星 B（Alpha Centauri B）则是两颗矮星，分别为黄色和橙色。在 2012 年，观测发现了一颗围绕着比邻星公转的岩石行星。这一消息之所以令人惊讶，是因为如果连与太阳距离最近的恒星都拥有至少有一颗行星，那么似乎"恒星拥有行星相伴左右"将不再是特例，而是常态。我们至少可以确定一件事，那就是对系外行星的研究，的确帮助我们更好地了解了行星迁移的机制。所谓的"热木星"[5]，是指与其母恒星维持一定距离进行公转的气态巨行星，它们相对母恒星的距离比冻结线更

---

[1]　联星，是由两颗恒星组成的恒星系统，它们围绕着共同的质心，在轨道上互绕。

[2]　比邻星，位于半人马座，与半人马 α（是双星）组成一个三合星，是已知离太阳最近的恒星，距离为 4.22 光年。

[3]　三合星或三重星，是由三颗恒星组成的聚星系统——通常由两颗恒星组成的系统被称为联星，而由两颗以上恒星组成的系统则被称为聚星。

[4]　南门二，学名"半人马 α"，西名 Alpha Centauri，为距离地球最近的目视双星。

[5]　热木星，也称炉烤行星。

近——然而在这样一个区域里是无法诞生行星的，为此我们不由得假设某个从外到内的迁移过程，联想它可能与行星吸积[1]有关系。而在另外一些情况中，则是出现了迁移至冻结线外的岩石行星，这一点我们在前面的章节中已经讲过了，这种情况便可以称作反向迁移。因此我们可以说，在系外行星的大观园里，各种形态应有尽有，而我们也相信，未来还会出现更多惊喜。同时，系外行星学在越来越强大和完善的观测仪器辅助下，也逐渐成为天体物理学中发展最为迅猛的领域之一。

促成行星系统诞生的成因复杂，使得观测研究成为验证理论模型的基础。几千年以来，我们一直以我们的太阳系为对象，研究并巩固着关于其成因的各种假设。反观今日，我们已经知道，在我们周围数以千亿计的星系间那数不胜数的恒星之中，有相当一部分，或者说大部分，都拥有自己的行星。不久后，我们还将通过采集到的大量数据对预测和理论模型进行比较分析，增进对行星形成的了解。

---

[1] 吸积，是天体通过引力"吸引"和"积累"周围物质的过程。吸积过程广泛存在于恒星形成、星周盘、行星形成、双星系统、活动星系核、γ射线暴等过程中。吸积在天体物理学中是比核聚变等更高效的产能方式。

$\boxed{17}$

他们在哪里

零或无穷的外星人

1950年夏，芝加哥。根据传闻，恩里科·费米（Enrico Fermi）在与同事及好友爱德华·泰勒（Edward Teller）、赫伯特·约克（Herbert York）以及埃米尔·科诺平斯基（Emil Konopinski）共进午餐之际，聊起了最近美国媒体报道的目击UFO（不明飞行物）事件的热潮。席间，这位著名意大利裔物理学家怀着将信将疑的态度——不难想象这一点——从笼统乐观的新闻报道中将话题带了回来，挑衅般地质问在座友人："那么他们都在哪里呢？"这句话，便是被历史所铭记的费米悖论。费米试图计算我们这颗行星曾被其他智慧生物造访过的可能性，并得出结论，这一事件可能已经发生过数次——由此便诞生了以他名字命名的悖论：如果这可能性真的如此之高，那么为什么我们一直无法验证外星生物的存在？

不久后的 1954 年，费米因癌症离世，但他的这一质疑却始终挑逗着科学家们的心。十年后，弗兰克·德雷克（Frank Drake）写下了一个简单的公式，试图计算我们这个星系里存在的智慧生物的数量。这个公式值得我们仔细研究：不仅是为了更好地了解公式本身，更是为了明白它的局限。这个公式意图计算一个物种能够发展并传达其存在的概率，将这个数字乘以我们星系内可居住的恒星和行星数量，便可以得出自地球诞生之初就可能造访过的外星文明数量，因此，这个方程式也是一系列概率的乘积：

$$N = R^* \times f_\mathrm{p} \times n_\mathrm{e} \times f_\mathrm{l} \times f_\mathrm{i} \times f_\mathrm{c} \times L$$

方程中的不同参数，分别代表着天体物理、生物以及科技因素。

前三个变量的计算相对精确：R^* 代表我们的银河系中恒星诞生的频率，f_p 代表可能拥有行星的恒星比例，n_e 则代表有可能发展出生命的行星比例。根据目前的估算，前两个参数约为 1，而第三个则可能为 10%。在费米所处的时代，每颗恒星的平均行星数量的不确定性要比今天高得多，因此估算值显然也比今天低得多。

它们之后的两个参数则代表着生物物理因素，这部分的不确定性则急剧增加：f_l 代表在某个时间点上实际出现生命的行星的比例；f_i 则代表有智慧生物且发展出足够先进文明的行星的比例。自然发生论的支持者认为，第一个参数的数值差不多为 1，因为生命有自己的发展趋势，它总能从无生命的混沌之中绽放而出；至于第二个参数则完全无法确定，其因之一，是我们对进化或者智慧生物的定义过于模糊。比如，在我们这颗星球上就存在着其他展现出极高智慧的生物，如海豚、大象或是某些猿类；几年前甚至还有人开始探讨，植物作为无大脑生物的典型案例，是否也会在与环境的交互中，以个体或集体的形式发展出它们独有的智慧。

最后两个参数则代表社会学和科技因素：f_c 代表能够向宇宙发射信号（通过电磁波、中微子或星际探测器）传达其存在的文明的比例，而 L 则代表这些文明能进行这项传输活动的时长。对于这一部分我们完全一无所知。拥有这项能力的案例，我们已知的仅有一例：不难猜到，就是我们自己。虽然我们可以尽情推理，但在这仅有的唯一案例上我们还是很难得出一个合理结论。不过我们倒是可以进行一些适当的猜测：如果生命可以在 1 亿年间进化，那么我们这个物种则迟到了至少 40 亿年，而从进化的角度来看，最为关键的时间段只是过去的二三百万年而已。更不用说各种先进科技，我们在一个世纪前才发现的无线电波，是我们已知唯一可以在星际间通信自如的媒介。至于人类社会的未来，我们不禁要提出严肃的质疑：缓慢的生物进化和我们那绝谈不上快速的文明发展，是否真的能够与当下日新月异的科技进步和飞速的人口增长相适应。再想想气候变化，和人类为这颗星球的可持续发展所能做到的极限——我已经呼吁过无数次，这些现象值得全世界政治界和文化界的共同关注。

而由于这一系列不确定因素，今天对除人类之外先进文明的估算值，要么趋近为零，要么成千上百万。费米已经安息，而"他们都在哪儿"这个问题却至今未能得到一个有效答案。至于德雷克，他那个方程式可谓有效证明了人类在这一议题上所展露出来的无知。

科幻作者和导演们倒是可以放心，他们的想象力还可以继续取代我们的认知，再飞翔一段时间。

[18]

宇宙的黑暗面

那些不发光的存在

　　让我们回到宇宙演化，来看一看它的黑暗面：正如我们即将看到的那样，那才是宇宙的主宰。在探讨宇宙起源及其演化时，我们要避免陷入经典的醉鬼错误：醉酒的人不断在路灯下寻找早已遗失在别处的钥匙，只因为那是唯一被点亮的区域。这么比喻在一些人看来可能显得有些怪异，但我之所以这么说是有充分的理由的，因为第一批恒星和超新星实际上构成了各个尺度上无休无止的引力作用的"可见"部分。但宇宙远不止如此。宇宙中存在着即便不是最重要也绝对堪称关键的"不可见"部分，如果我们想要了解宇宙是如何演化至今的，就必须对这部分内容进行研究。首先，我们已经了解，宇宙的度量，即时空中两点间的距离，从未停止过膨胀，这一活动将继续很长一段时间，有人甚至认为是永远。

而在（宇宙的）局部，即星系和星系群中，情况则相反，是重力调节着各尺度下不同结构的形成。大型结构中有恒星、星系、星系群，小型结构则有行星、卫星、中子星、黑洞。它们当中的某一些，因为自身发光而可以被轻易观测；而另外一些，即使通过观测也难以被确定位置，比如某类中子星、脉冲星——它们虽然辐射出了电磁脉冲，但却始终难以被肉眼或 X 射线所捕捉。此外，还有另外一些围着恒星公转的行星，也是得益于近年来研发出的新型精密仪器，才得以被观测到。

而还有一些其他结构则完全隐身，唯一的办法只能是观察天体在运行至其轨道周边时所受到的影响：这里我们指的是大片不发光的物质、气体云和冰冷尘埃，或者黑洞。至于连接着不同星系和所有尺度下暗物质结构的纤维状结构，至今我们还只能通过计算机模拟来确认它们的存在。你可能会对宇宙的大部分竟然暗黑且无法洞察感到惊讶，但如果想想在夜班飞机上看到的景色，就会明白这件事其实并不奇特。因为我们所能辨别的，只有光所点亮的那部分：城市和被路灯环绕的近郊公路，都鲜活地展露在我们眼前，而真正分隔不同城市的广袤田野，却因为被黑暗笼罩而无法在我们眼中留下任何痕迹。因此我们必须等到太阳升起才能看到两个城市之间有什么。然而对于宇宙，我们却束手无策：在这里，我们无法等到任何天明。

　　让我们用暗物质和暗能量举个例子。宇宙观测让我们知晓，大小恒星和星系之间的博弈，是由两大不可见因素所决定的。正如我们前面所述，大尺度下度量膨胀的加速很可能将会唤醒真空能量的另一分量：而它将会像催生时间的暴胀时期那样引发一阵巨大的斥力，将度量继续膨胀至极限。这意味着某些细微效果，将因两个物体间的距离扩张至宇宙级，也就是可以与宇宙大小相媲美，而变得可以观测。而这一成分，便是近 20 年才刚被发现的暗能量；它的发现为索尔·珀尔马特（Saul Perlmutter）、布赖恩·施密特（Brian Schmidt）和亚当·里斯（Adam Riess）赢得了 2011 年诺贝尔物理学奖。在宇宙物质和能量的天平上，暗能量所占的质量，远超原子、原子核、电子、光、中微子以及反物质的总和达 15 倍之多。

　　在小尺度中则相反，有系统性证据表明天体（星系中的恒星，或是星系群中的星系）的运动会被某个不可见的因素所影响——而这就是暗物质，它的引力作用极为活跃，而这一效果在星系中也轻易可见。

　　我们知道，引力是位于公转物体下方的球体质量导致的。如果我们试着分析一下某个球状星团，即恒星呈环形分布的星系，那么我们似乎有理由相信，一旦超越了星系的临界半径[1]，引力便将达到巅峰，而随后，运行在星系边缘的恒星们，无论距离星系核心多远，都将同样感受到这份引力作用。然而事实却相反，根据观测，处于星系边缘的恒星运动似乎表明，这个引力会随距离扩大而再度增强——这标志着其中显然存在着某种质量，它虽然不发射光线，但在引力作用上如可见物质一般活跃。

距离这一异常现象初次披露已经过了近一个世纪。1933年，来自美国加州理工学院的瑞士天文学家弗里茨·兹威基（Fritz Zwicky）初次发现了它，此后在无数星系中它也同样被观测到。后来在其他尺度的结构中，也陆续出现了它的身影：例如在两个不同星系或不同星系群的相互作用中。而暗物质作为解释这些效果的必要成因，说明其数量几乎是普通物质的六倍之多。

整个物理学中关于物质性质的研究，显然只针对某一种类型的物质而言，而这种类型的物质在天体物理层面上，却只是包含了整体当中的某一小部分而已。长久以来，人类都

---

[1] 临界半径，正式名称是史瓦西半径，是任何具有质量的物质都存在的一个临界半径特征值。这个半径是一个球状对称、不自转又不带电荷的物体的重力场的精确解。该值的含义是，如果特定质量的物质被压缩到该半径值之内，将没有任何已知类型的力（如简并压力）可以阻止该物质自身的重力将自己压缩成一个奇点。符合条件（即不自转、不带电）的任何物体的临界半径皆与其质量成正比。

在试图解决这个问题：我们仔细研究宇宙，这是唯一能够搜寻出暗物质存在证据的领域。大量假说层出不穷：有人认为它与数量异常、与木星相似的巨行星[1]有关，还有人认为它与其他冰冷的普通物质聚集体有关——虽然它们无法被天文望远镜观测到，但却实实在在地产生着引力作用。然而对宇宙的精密观测却显示，这些物质其实数量有限，因此这一假设也被随之推翻。类似情况也发生在对黑洞的推测中，它们的数量同样难以估计。从观测黑洞融合所产生的引力波开始，我们确定黑洞密度的精确度也越来越高，至少我们现在已经知道了黑洞质量大约在什么数值区间，但这依然不足以解释（平衡反应）所需的暗物质数量。甚至还有某些观点，其革命性之强足以掀翻爱因斯坦和牛顿的棺材板，例如修正牛顿动力学（MOND），它对星系尺度下的引力作用进行修正以便更好地将其适用于观测数据。然而事实上，观测越是精准，这些替代理论的有效性就越低。

另外一种假设则认为，这个问题的解答需要从基本粒子中寻觅：它们拥有质量，这意味着它们相互之间会进行引力作用。然而关于其他三种基本作用力，即电磁力、弱相互作

----

[1]　巨行星，指的是任何大质量的行星。它们通常是由低沸点的材料（气体或冰）组成，而不是岩石或其他固体，但是大质量固体行星也可以存在。太阳系有4颗巨行星：木星、土星、天王星与海王星。

用力和强相互作用力，它们的互动却又微弱到难以察觉。

不少证据都指向这个方向。首先，天体物理测度所对应的暗物质模型，由直接产生于大爆炸的大质量基本粒子组成，但这些粒子至今还从未被直接发现过。它们应该无处不在，但在某些区域里会更为密集，那就是星系形成的位置：这些粒子将像光晕一样环绕在星系周围，从根本上决定着它们的形态（圆形，椭圆形，条状……）。

其次，（我们将在随后进行介绍的）基本粒子及相互作用的标准模型，描述了力的属性和占据现存物质不足 5% 的基本粒子。我们可以将这个模型用相对自然的方式，拓展直至涵盖新种类的粒子——也就是代表暗物质的那一部分。之所以想要拓展这个模型，是因为我们发现，在引入了某些符合相互作用本身的对称属性后，基本粒子相互作用的属性分析将变得更为可行。一个简单的例子就是电荷反转的对称性[1]：如果所有带电粒子的电荷都进行正负反转，那么它们之间的相互作用会保持不变。在暗物质的案例中，我们则假设了一个足以描述所有基本作用力的超对称[2]。这一理论框架还预测了其他基本粒子的存在，它们以超对称的方式，一一对应我

---

[1]　这一现象的学名被称为正反粒子共轭对称性或者 C 对称性。

[2]　超对称，缩写 SUSY，是费米子和玻色子之间的一种对称性，该对称性至今在自然界中尚未被观测到。物理学家认为这种对称性是自发破缺的。

们已知的所有粒子，其中最轻的一颗状态稳定的中性粒子，将成为神秘的暗物质之源。这种粒子被笼统地称作 WIMP（Weakly Interacting Massive Particle），即弱相互作用大质量粒子。我们长期以来一直试图通过日内瓦的大型强子对撞机去寻觅超对称存在的证据，但至今未果。我们目前还没能估算出这颗粒子的质量：根据理论预测，它既可能小到与中微子相当，也可能超越质子数千倍。根据天体物理学的定义，暗物质的密度是平衡宇宙质量－能量的必要因素，那么这也就意味着，这颗粒子的质量越大，它的数量就越稀少。

这么多年以来，暗物质引导了一系列系统性的研究，从字面意义上来说，我们正在使尽浑身解数，寻觅它的存在。

我们曾通过如大型强子对撞机等加速器，利用交错的粒子光束的巨大能量，尝试（人为）制造出成对的 WIMP 粒子与反粒子，一旦成功，我们便可以在它们进行相互作用的区域附近对这些成双成对的粒子进行观测。同时，我们还在位于大萨索山的意大利国家核物理研究院（INFN）进行过地下实验以搜寻 WIMP 的踪影（直接观测）：我们利用不同的特殊仪器制造出极为罕见的撞击，而在这过程中可能会出现某个粒子与普通物质进行相互作用的情况，并留下一部分能量。最后我们还曾在太空实验中探究它的踪影（间接观测）：通过对宇宙射线中某些罕见成分的精密分析，我们试图寻找宇宙

中正反 **WIMP** 粒子湮灭后所留下的蛛丝马迹。然而至今，这一系列尝试的结果却都不尽如人意。上述三种实验手段，无一取得强有力的确切证据能够证明暗物质的存在。不过我们倒是观察到了许多需要解释的有趣效果，尤其是间接观测到的那部分现象——这部分内容我们将在随后继续介绍。

今天我们所知道的事实是，宇宙中的暗物质主导着可见物质：所有星系都被一圈看不见的物质所环绕——是它们决定了各个星系的形状和大小，影响着星系的演化。掌控宇宙活动与其结构的物质和能量与构成我们的成分，是截然不同的两种东西。正如我们在本书开头所说的那样，人类应当认识到自己的无知。我们作为宇宙中心的可能性再一次降低：就连构成人类的那部分物质，都算不上宇宙的主要成分。

19

宇宙结构

规范宇宙的力

随着空间在宇宙范围内持续膨胀，我们看到了在局部区域内，物质片刻不停地在各个尺度下进行着重组，同时又受制于无处不在四通八达的引力。要记住，任何质量，无论可见还是不可见，都能引发引力作用并深受其影响。

不过别忘了，物质也同样受到自然界中其他三种基本力的影响：电磁力、弱相互作用力和强相互作用力。这些力所引发的效果，大多易于观察；然而它们在物质结构和宇宙演变中，却起着决定性作用。与引力不同，其他这几种力主要施展于微观层面，它们每一个都拥有独一无二的奇妙特质——关于这一点，研究人员也是在最近 150 年里才刚刚揭晓。

电磁力的影响范围很大，一如引力。不过它的强度可要高出数倍，是质子质量所引发的引力的整整 10^{36} 倍。那么，为什么主宰宇宙的不是它，而是那微弱的引力呢？原因是这样的：电磁场的强度由电荷所决定——正负两极的电荷会在任何条件允许的情况下随机相互中和；而引力的携带者却只有一个，那就是只增不减的质量。这意味着电磁力趋于消除其自身所引起的效果：它让携带正负电荷的粒子即质子和电子相连，并形成中性的原子核。电磁力，由我们熟知的、爱因斯坦所引入的光量子即光子进行传播。正是得益于光子和它们所携带的能量，我们可以轻易地将相反的电荷相连或打断。此外电磁力还会在短距离内或是与中性原子进行反应时展现出另外一项特质：那就是范德瓦耳斯力[1]，它在物质表面的相互作用中扮演着至关重要的角色。

　　强相互作用力则只能在短距离范围内施展，也就是原子核或是亚原子核大小的尺度，约百万分之一纳米，也就是原子物理学里的以费米之名所命名的单位长度（中文名称为飞米，1 飞米 $=10^{-15}$ 米）。这种力凝聚着夸克，即构成质子和中子的基本粒子，同时也是这种力将质子和中子固定在原子核内。强力有一个令人惊讶的特点：它总是和实验者玩捉迷藏。利用强力进行相互作用的夸克，无法被单独检测到，它们总是成对或三个一组地被发现。就像一个装满坚果的麻袋：当

---

[1]　范德瓦耳斯力，在化学中指分子之间非定向的、无饱和性的、较弱的相互作用力，根据荷兰物理学家范德瓦耳斯命名。

你打开袋子取出坚果时，总是能捞出几个而绝不会仅拿出一个。在宇宙诞生的最初时期，物质的温度极高密度极大，以至于这种被称作夸克禁闭[1]的现象，在大片持续进行激烈相互作用的基本粒子之间无法被察觉。唯有在这个初始等离子体的温度下降到某种程度并使夸克结合形成强子时，这一现象才能被观测到。我们所认识的强子有质子和中子，也就是原子核的组成部分。因此，在两种基本力，即原子核内的强相互作用力和连接电子与原子核的电磁力的共同作用下，再加上一点儿量子力学，原子的结构才能够稳固下来。因为如果原子真的像一个小型太阳系一样运转，那么世间就不会存在两个一样的氢原子，而且一段时间过后，电子甚至还会落入原子核内，与质子相连——但在现实中这显然不可能发生。

最后，我们还有弱相互作用力，这种相互作用力同样只适用于极微小的距离范围内，它的特点是能将基本粒子进行相互转化。在恒星核心进行的核反应，以及中子和不稳定同位素的衰变过程中，都是它在发挥着作用。

我们回到引力。它所支配的中性物质数量之多，简直超乎我们的想象。随着质量的增加，引力也会进一步增强。从最微小的尘埃团开始，随着质量和体型的增长，引力便开始

---

[1] 夸克禁闭是一种量子场论的现象，描述单独的夸克在低能量的环境中无法存在。

逐渐诱发大小不一的小行星、微行星、岩石行星和气态巨行星形成。随着质量的增长，外层结构的重量对行星核心施加的压力也随之增加。我们前面在讨论恒星诞生的时候已经讲过，根据构成天体的基本元素不同，质量增长是如何引发内压增强并最终导致核聚变反应的。也正是这一系列反应，使恒星升温并产生了一系列向外喷发的热能。伴随这股能量的，是一种试图牵制引力的压力。如果（天体的）质量继续增长并超过 1% 个太阳质量[1]，那么其内部的聚合反应便将占据上风，随后这颗天体便会转变成为一颗原恒星，并最终成为恒星。木星是一颗质量为太阳质量 0.1%、地球质量的 318 倍的气态巨行星。但如果它的质量能比现在多出仅 14 倍，那么它也能成为一颗恒星，也就是棕矮星[2]；如果它比现在重 80 倍，那么它就将变成一颗红矮星[3]。

那么相反，如果我们往一颗体型微小的恒星上添加质量，又会发生什么呢？一颗恒星究竟能成长到何种程度？恒星的质量，小如棕矮星，一般为太阳质量的 1/80 或 1/90，大如海

---

[1]　太阳质量是天文学上用于表示恒星、星团或星系等大型天体质量的质量单位，定义为太阳的质量，约为 2×10^{30} 千克。
[2]　棕矮星是质量介于最重的气态巨行星和最轻的恒星之间的一种次恒星。
[3]　红矮星，指表面温度低、颜色偏红的矮星。

山二[1]这类特超巨星[2]，则可以高达 150 个太阳质量。这意味着恒星之间的质量差异高达上万倍，其中囊括了光度、稳定性和体型大小截然不同的各种案例。

不过无论哪种情况，恒星内部的能量都源于核聚变。恒星越大，内压就越强，其内部温度也就越高，聚变反应也就更为紧密活跃。大体量的恒星不仅寿命比太阳短数千倍，而且无法维持稳定：特超巨星因其内部能量过高，便会定期从表面将部分能量喷射而出；而一旦储存于恒星核心的燃料耗尽，那么这颗恒星便将面临引力坍缩，体型越大，坍缩就越为猛烈。在恒星内部，原子被分解成原子核（大部分是完全电离的）和电子，但恒星作为整体还是呈现中性，所以即使它转换为等离子形态，整体体积也基本保持不变。而太阳的平均密度只比水大 40%。当恒星核心因外部结构的重量坍缩之际，便会引发某种核反应，那就是电子俘获：在这过程中电子会和质子相融合，并产生一个中子和一个电中微子。这一转变消除了存在于质子以及电子之间的电排斥力，而恒星的核心则会内爆并进入完全由中子构成的状态，这时它的密度将超过地球近 1 万亿倍，恒星的其余部分则会像盛大烟火一样爆炸。在这转变过程中，恒星会喷射出无数中微子——

---

[1]　海山二是位于船底座的一个恒星系统，距离太阳 7500 至 8000 光年。
[2]　特超巨星通常是指一种结构最为松散的大质量恒星。

它们像光子一样，在中子星的诞生初期为其降温。如果这颗恒星持续旋转，那么在原子核内爆过程中，它的角动量，即衡量一个恒星质量围绕一个轴进行旋转的速度，将保持不变。就像滑冰运动员会通过将手臂向身体收紧来提高旋转速度一样，小型中子星的旋转速度也同样惊人，约为每秒数千次。不过，引力从未让我们失望：一旦坍缩的恒星核心超过了三个太阳质量，那么，更为异乎寻常的结果将就此诞生——那就是黑洞。

20

黑洞

引力主宰

引力时常需要依靠不同部分间的相互拉扯来维持平衡。行星之所以能够无休止地围绕着恒星公转，正是因为有引力和将物体偏离直线所必要的加速度在相互制衡。我们前面看到，恒星是引力和核聚变过程中所产生的能量间相互牵制的结果，它所引发的效应是，一旦引力增强，那么聚合反应所释放的能量也将随之增加。而中子星，则是恒星内部压力高到足以使电子和质子坍缩并形成中子的状态，一旦这些中子相互连接，同时存在于其间相互排斥的电磁力消失，那么中子星便能通过中子为了抵抗进一步坍缩而产生的阻力维系平衡。但随着质量持续增加，引力增强将逐渐失衡：极其微弱的引力将表现出与其不匹配的贪婪，支配着任何试图反抗它的因素。正是在这种情况下，引力才展现出它那不可战胜的强大，甚至连光都无法逃脱。一颗脱离天体并拥有质量的光子，需要通过消耗自身能量来克服天体对它的引力。（虽然体型微小，但一颗光子同样具有与其质量相当的能量。）一旦天体的质量增长至足够大，那么达到某个临界点后，引力作用便会让哪怕一丝光线都无法逃离出天体。这时天体将变得通身漆黑，同时保持着自己的引力。

黑恒星，即因体型过于巨大而无法发射光线的天体，早在18世纪末便出现在英国牧师、天文学家约翰·米切尔（John Mitchell）的科学报告中；同一时期，法国著名数学家皮埃尔·拉普拉斯（Pierre Laplace）也以一己之力得出了同样的结论。虽然当年的想法方向正确，但还是展现出不少局限性，也没能将概念基础加以完善，而在一个多世纪以后的1915年，爱因斯坦则利用同样的概念，发展出了他那革命性的广义相对论。在爱因斯坦的理论中，我们发现了一个复杂而优雅的方程式，定义了时空度量、质量和能量分布之间的关系。它们由10组非线性微积分方程组成，而在适当条件下更可以被简化为6组。这些方程概括了质量和牛顿万有引力定律所描述的引力之间的关系。理解如此复杂的方程组绝非易事，因为每个解都可能对应着不同的时空、物质和能量条件，与我们自牛顿以来所习惯的常识相比，这些解时常令我们震惊，例如引力波，例如（我们随后会讲到的）形态各异的黑洞。

　　依然是在那几个月，也就是 1915 年和 1916 年之间，数学家、天文学家卡尔·史瓦西（Karl Schwarzschild），解出了爱因斯坦的方程并构想了一个被临界半径束缚的结构——一旦超出了这个半径数值，一切都将不可抑制地被这个结构的核心吸引。然而直到很久之后的 20 世纪 60 年代，在阿瑟·爱丁顿（Arthur Eddington）、乔治·勒梅特（Georges Lemaître）、苏布拉马尼扬·钱德拉塞卡（Subrahmanyan Chandrasekhar）、约翰·克尔（John Kerr）、罗伯特·奥本海默（Robert Oppenheimer）、叶夫根尼·利夫希茨（Evgeny Lifshitz）、罗杰·彭罗斯（Roger Penrose）以及斯蒂芬·霍金等科学家的努力下，才终于诞生了第一份正式的黑洞理论。然而，若想在我们这个星系或是其他星系中寻觅黑洞存在的直接证据，恐怕只能靠今天的我们来实现了。

　　早在几十年前，便已出现了不少间接证明。但黑洞的概念，最初总是与明亮且充满能量的事物相联系，例如异常活跃的被称作类星体的活动星系核[1]或赛弗特星系（Seyfert galaxies）。这些太空怪物的光度之所以耀眼得惊人，很有可

---

[1]　活动星系核是星系中心的一个紧密区域，在至少一部分——可能全部的电磁波谱上远比普通光度高，它的特征表明，过高的光度不是由恒星产生的。如此高的非恒星辐射在无线电、微波、红外线、可见光、紫外线、X 射线、γ 射线波段皆可观测到。一个有着活动星系核的星系被称作"活动星系"。从活动星系核发出的辐射被认为是由宿主星系中央的超大质量黑洞物质吸积产生的。

能是由吸积盘所滋养的黑洞和周边物质剧烈反应造成的结果。在银河系中，中心黑洞的影响则没有那么明显且猛烈。对星系核附近的恒星轨道进行研究之后，我们可以确认，在银河系的中心存在着一个巨大的黑洞，整个星系都围绕着它旋转。

黑洞是引力战胜一切的象征。在黑洞的中央存在着一个时空奇点，这个点上的引力无限强烈，以至于万物都无法逃离，物质和动能将就此消失，并被转换成另一种能量，储存于时空曲率之中。所以黑洞质量的增加，也就意味着这部分能量的进一步提升。不过显然问题绝不会这么简单，正如前面所见，我们耗费了整整50年，才找出了爱因斯坦方程式中与黑洞相关的一部分解。而当我们所面对的体积越来越微小时，如在宇宙大爆炸等情况中，海森堡的不确定原理便开始发挥作用，并如我们前面所见，将情况进一步复杂化。广义相对论的原理建立于狭义相对论之上，但却未能囊括量子力学；而迄今为止，也还未出现任何一条能够与量子力学互证的引力理论。

黑洞的质量没有界限，它只被引力场的某种强度阈值所定义，一旦超过这个阈值便会引发无法遏制的引力塌缩。所以黑洞的体型可大可小。恒星坍缩所产生的黑洞的质量不会低于两个太阳质量——若是低于这个数值，那么恒星便会演变成中子星而不是黑洞。一旦成型，黑洞便会不成比例地增长。位于我们银河系中心的黑洞，质量约为 410 万个太阳质量，在此之上还有其他超大质量的黑洞，甚者可达 100 亿个太阳质量。虽然这对普通读者而言听起来像是文字游戏，但我们还是可以说，限制黑洞质量的唯一因素，只有它从外部将质量吸收完毕所需的时间而已。根据某些计算，在我们宇宙的存活时间内，那些体型巨大的超大质量黑洞应该无法成长到无限扩张的程度，而这显然和大爆炸模型之间产生了矛盾。黑洞内外都展现出了奇妙的性质。发生在黑洞之外的事件可以观测，而发生在黑洞内的事件则完全隐身于观测，此时我们唯一能依赖的便只有广义相对论了。

让我们从或许是最让世人震惊的属性开始介绍：极端的时空曲率所导致的后果，便是时间在靠近黑洞时会变得愈发缓慢，直至彻底停止在黑洞边缘——这就是"事件视界"，在它所框定的区域内，就连光也无法逃脱。从外部观测者的角度来看，一个向黑洞坠落的物体需要经过无限漫长的时间才能抵达事件视界；然而身处于坠落物体本身的观测者却无法察觉这个放缓的过程，甚至在适当条件下，就连越过事件视界本身，也将被彻底忽略。

而帮助我们更好地了解在黑洞附近发生的事情的，出人意料的竟然是好莱坞。广受好评的电影《星际穿越》的科学顾问，正是因发现了引力波而荣获 2017 年诺贝尔奖的理论物理学家基普·索恩（Kip Thorne）。基普将毕生精力献给了万有引力的研究。他极具独创性，既对宇宙探索求知若渴，也希望通过媒体的力量进行科学普及。我曾在 2016 年意大利航天局（ASI）于 21 世纪艺术博物馆（MAXXI museum，位于罗马）组织的"重力"展览上见过基普。我很少遇到如此平易近人，同时又有深刻思想的人。我们聊了很久关于他为电影所作的筹备工作，他向我透露，他已经为这个项目准备了近 12 年。他唯一的信念就是扩大广义相对论的影响，利用电影的惊人传播力，让大众对阿尔伯特·爱因斯坦的非凡成就有所了解。任何一个看过这部电影的人，都不会忘记主角宇航员约瑟夫·库珀（Joseph Cooper）乘坐宇宙飞船"永恒号"（*Endurance*），围绕着质量高达 1 亿个太阳质量、自转速度高达 99.8% 光速的卡冈图雅（Gargantua）黑洞旋转的画面。同样令人无法忘怀的，还有库珀在初次登陆星球的短短几小时里耗费了女儿墨菲（在地球度过的）23 年，而这颗被称作米勒（Miller）的行星，伴随着巨大的潮汐，正运行在黑洞的附近。库珀在黑洞附近所获得的时间差，正是时间在事件视界附近变缓的证据。在电影感人至深的最后一幕中，库珀见到了已然比自己年长的女儿，而她即将在儿孙的环绕下与世长辞。

　　得益于基普和他的科研团队，我们终于初次见识到了黑洞在满天繁星间创造出的奇异幻象：靠近黑洞的光会被弯曲，而这会导致光在抵达我们的眼睛之前，留下一条甚至多条轨迹。在这种情况下，宇宙中每个单独的发光体都将以前所未见的惊人频率，进行无数次复制和扭曲。若你想要了解黑洞但又不想成为一名理论物理学家或钻研爱因斯坦的方程，那么只需阅读一下基普·索恩的作品《星际穿越》，便能从中获得极大的满足：基普将在《星际穿越》一书中带领我们一起揭秘卡冈图雅的内部。正如我在前面所说，我们只能借助广义相对论来了解在黑洞之内发生的一切，丝毫没有任何实验验证的可能。至于直觉，我们最好还是将它摒弃，因为时空的运行模式完全不可预测。基普本人也提醒过，我们在电影中所看到的部分画面，特别是那令人难以置信的超正方体[1]——一个四维的立方体空间，库珀正是从这里将信号以编码的形式传递给了早已长大成人的女儿墨菲——都是银幕创造力的结晶，这是我们尝试讲述这部分在现实中我们根本无法理解的内容的唯一方式。

　　尽管如此我还是要重申一遍，这部电影，尤其是这本书，可以帮助大家了解不少我们正在探讨的内容。首先，如前文

---

[1]　超正方体，在几何学中四维立方体是立方体的四维类比，四维立方体之于立方体，就如立方体之于正方形，四维立方体是四维凸正多胞体，有8个立方体胞，立方体维数大于3推广的是超立方体或测度多胞体。

所述，对于一个对黑洞附近现象进行观察的外部观测者而言，时间将会停止在事件视界，然而对于正在接近黑洞或穿越黑洞的观测者来说，事情则截然不同。在自由落体中，高强度的引力在强烈潮汐效应的作用下不易被察觉，这也就是说同一物体（例如人体）上两个不同的点之间存在着引力差。如果黑洞体型足够巨大，就像《星际穿越》中那直径相当于地球轨道长度的黑洞，那么潮汐效应则将被忽略，正如我们在地球表面所感受到的那样。相反，如果黑洞很小，那么潮汐效应将会变得异常猛烈，以至于能在瞬间将不幸的观测者面条化[1]：腿部和头部的原子将不可避免地奔向不同方向，而我们对此束手无策。所以记住，如果你们非要掉入一个黑洞，那就尽量选个大的！

　　一旦穿过了事件视界，物体便将一路自由落体直到抵达黑洞中心：这是一个与众不同的位置，被称为奇点，在这个区域内引力效应会无限增长，而唯一能对它产生限制的，是我们重复了很多遍但依旧令人一头雾水的量子力学效应。那么落体运动将持续多久呢？这取决于物体需要穿行的距离、

---

[1]　面条化或意大利面化，是指一个物体在接近黑洞或者一个大质量天体时所发生的现象。斯蒂芬·霍金曾描述，任何物体在进入黑洞的史瓦西半径后，便会因黑洞的引力影响而变得如意大利面般细长。面条化也可能发生于一个恒星，当一个物体在进入恒星的洛希极限后便开始产生强烈的潮汐力扭曲，最终面条化。

速度以及重力加速度[1]，可能长达几天甚至几个月。不过事实上情况还要复杂得多。正如读者们怀疑的那样，黑洞里总是惊喜不断。落入黑洞的物体从外部观测者的视野中消失，并不意味着黑洞内部的信息也同样隐身于在事件视界之外的观测者。在黑洞里面，光会向着各个方向移动，其波动频率和路径会随引力而改变，但不会完全消失；相反，正如基普在书中所写，除了中心奇点之外，至少还存在着两个中间奇点影响着黑洞内光的波动，而其中一个，正是他在写《星际穿越》时所发现的。

所以，让黑洞探险者听天由命吧：最终库珀之所以得以从卡冈图雅中脱身，要感谢某个未被明示也未曾被爱因斯坦相对论预言的超维度存在的帮助——显然，这是艺术创作所允许的。然而还有一个极为重要的问题，那就是相对于外部观测者而言，黑洞内部信息的消失。这时除了量子力学之外，伟大的引力陛下也不得不借用热力学第二定律：它预测了宇宙中的混沌、熵只会随时间的流逝而增加，同时还得符合基本量（能量、电荷等）的守恒，这是物理学中为数不多无法破坏的坚实定律之一。从这个角度来看，黑洞似乎游离在了规则之外：它仿佛一个宇宙吸尘器，吸走了熵。任何物

---

[1]　重力加速度是一个物体在仅受重力作用的情况下所获得的加速度，它会随高度增加而下降。

体，无论进入黑洞内的形式如何，从外部来看都只能被归类于质量、角动量和电荷。要不是在地球上执行起来过于麻烦，这听起来简直像是个解决有毒物质和放射性垃圾的完美方案。这个公然违背了物理基础的现象，引起了一位科学家的注意，这就是斯蒂芬·霍金。1973 年，霍金从两位苏联科学家，雅可夫·泽尔多维奇（Yakov Zeldovich）和阿列克谢·斯塔罗宾斯基处得到灵感，知晓了一个旋转的黑洞如何发射能量粒子。不久之后，他从自己的计算中得到信心，确认了即使是不旋转的黑洞，也能同样产生这一效果。

这一辐射将解决熵的问题：黑洞在失去能量的同时也会"蒸发"，并将一切从宇宙中吸收的信息返还给宇宙。而有趣的是，对于太阳大小的黑洞而言，这个过程的持续时间将远超现有宇宙的寿命：随着质量增长，这个过程所需的时间也随之增加。因此，黑洞成为熵高效的暂时仓储点，它们将在漫长的时间过后，将一切返还给宇宙。可以肯定的是，物理学是如此微妙，以至于我们常常会发现一些曾经的细节都成为后来的定律。霍金所预言的黑洞辐射便是他最重要的发现之一，也正是因此，他的墓碑上刻了黑洞温度的计算公式。这种辐射目前尚未被发现，不过观测卫星正在积极寻找宇宙中能量排放异常的空地——对不起，应该说，是黑洞。

21

新天文学

捕获引力波

2012 年春,（意大利）比萨省卡希纳附近托斯卡纳乡间,
我正在前往一个会议的路上,去评估一组欧洲科学家的工作
进展——他们正在努力研发一种高度灵敏的干涉仪,即一种
通过两束路径垂直的激光光束来探测引力波的工具。我从
206 号国道上下来后进入了城郊公路,这条公路沿着阿尔诺
河贯穿了整片田野。在一段漫长直道后的某个转弯处,眼前
骤然出现了世界上最为精密的天文仪器之一——室女座干涉
仪,它隶属于与意大利国家核物理研究院同名的,由意大利、
法国和荷兰合作建立的研究实验室。这台激光干涉仪拥有两
条长达 3 千米的手臂,是 LIGO[1]-Virgo 合作计划的一部分。

---

[1] LIGO 是 Laser Interferometer Gravitational-Wave Observatory 的缩写,即激光干涉
引力波天文台,是探测引力波的一个大规模物理实验和天文观测台,其在（接下页）

（据当时预计）这个计划将会在 2016 年 2 月 11 日因发现引力波而闻名于世。

引力波的历史由一群极具前瞻性的伟人所谱写。从阿尔伯特·爱因斯坦开始：他在引力波被发现前的一个世纪，便在发表于 1916 年的广义相对论中对这一切进行了预测。这可不是个简单的预测。就像电磁辐射源自加速的电荷一样，早在 1905 年亨利·庞加莱（Henri Poincaré）便提出了引力波存在的可能。在对自己的理论进行公式化之际，爱因斯坦对庞加莱的概念感到了困惑，因为引力作用中质量只能为正，同时也不存在偶极子的概念——这是电磁学特有的电荷配置，由一个正电荷和一个负电荷组成。尽管如此，爱因斯坦还是以一个特别的近似值为基础进行了一次计算，并从中引申出了引力波的存在。但爱丁顿在 1922 年对此进行了抨击，爱因斯坦本人则在 1936 年与纳森·罗森（Nathan Rosen）一起，向《物理评论》（*Physical Review*）杂志递交了一篇文章，证明引力波在广义相对论的理论体系内无法存在。然而，在一位匿名审查员和爱因斯坦的助手利奥波德·因费尔

美国华盛顿州的汉福德与路易斯安那州的利文斯顿，分别建有激光干涉仪。LIGO 是由美国国家科学基金（NSF）资助，由物理学者基普·索恩、朗纳·德瑞福与莱纳·魏斯领导创建的一个科学项目，加州理工学院与麻省理工学院共同管理与营运 LIGO。LIGO 曾与位于意大利的室女座干涉仪合作，共同进行对引力波的探测。

德（Leopold Infeld）的努力下，文章被查出一处错误并因此被退回进行复核，而这一次竟然得出了完全相反的结果！在一段漫长的时间之后，20世纪70年代初，美国人约瑟夫·韦伯（Joseph Weber）宣称自己用一根铝制谐振杆[1]探测到了引力波，而这在后来却被证明为谎言。直到1974年，我们才有机会以间接的方式初次观测到了引力波带来的影响：拉塞尔·赫尔斯（Russell A. Hulse）和约瑟夫·泰勒（Joseph H. Taylor）对一个由两颗脉冲星组成的系统进行了观察，发现其轨道周期随着时间流逝而变化，并得出了一系列与广义相对论的预测完全一致的结果。这为二人赢得了1993年的诺贝尔奖。但是，"圣杯"[2]，也就是对引力波的直接探测，还远在天边，直到一种全新仪器，也就是大型激光干涉仪的诞生，才将这一切化为了可能。

室女座干涉仪的建造，主要归功于一位意大利研究员，那就是现已去世的阿达尔贝托·贾佐托（Adalberto Giazotto），

---

[1] 这种工具被称为棒状引力波探测器。通常为铝质实心圆柱，长2米，直径1米，用细丝悬挂起来。这样的圆柱具有很高的品质因子（阻尼系数的倒数），振动时的能量损失很小，本征频率在1千赫兹以上。当引力波照射到圆柱上时圆柱会发生谐振，继而可以通过安装在圆柱周围的压电传感器检测出来。它的缺点是容易受到地震、空气振动、温度和湿度变化、空气分子布朗运动的干扰。

[2] 在凯尔特神话中，寻找圣杯是一个神圣又伟大的主题，只有与之相配的人才能找到圣杯。因此，无数骑士为了寻求圣杯而踏上了不归之路。

他在 1980 年 41 岁之际结束了自己在英国的生活，参与了一个充满吸引力又无比艰巨的项目——引力波的直接探测。贾佐托曾在罗马与爱德华多·阿马尔迪（Edoardo Amaldi）共事；后者是意大利物理学之父，意大利国家核物理研究院创始人，同时也是引力波研究领域的先驱。

阿马尔迪也和韦伯一样，试图开发出一种以铝制谐振杆为基础的全新技术——在低温环境中用纤细的金属丝将杆件悬吊于半空，借此将它隔离于地面振动。这些杆件会以 1000 赫兹的频率进行共振，这是为了让它们能够与这个频率上下的引力波进行耦合。然而，这个数字对于一个涉及大质量的引力事件而言已经相当高频，因此这些杆件的灵敏度也相对受限。这些探测器只能对极其剧烈的波动进行探测，然而此类事件却又罕见。而另一方面，低温棒已经是当时科学界所能拥有的最佳工具。但贾佐托则尝试去寻找一种截然不同的测量方法。他用约几十赫兹的较低频率进行探测：在这个区间内的信号会更加频繁强烈，同时由地面振动所引起的噪音也会更加明显。为了解决这一僵局，贾佐托开发了由一系列精巧的摆锤和弹簧组成的超级衰减器，借此将干涉仪从地震的影响中隔离出来。

我在 20 世纪 70 年代末结识了阿达尔贝托，我们曾出入同一个实验室——意大利国家核物理研究院设在比萨附近的圣彼得格拉多（S. Piero a Grado）分所。一开始我来是为了完成毕业论文。而后在比萨高等师范学校的基本粒子专业进修时，则是为了完善日内瓦欧洲核子研究组织的实验。而他是为了一步一步发展这个项目，也就是20年后的室女座干涉仪。他是个充满激情的人，意志坚定，对科学充满崇高敬意，但却并不为科研界所熟知。事实上，如果没有他，意大利国家核物理研究院永远不可能在室女座干涉仪这个项目上耗费力气——毕竟当时研究院的所有资源都已经投给了同一类型的项目，那就是由爱德华多·阿马尔迪和他的科研团队在罗马所进行的低温棒开发。他们当时还没能明白低温棒那有限的灵敏度永远不可能检测出任何引力信号，也正是因为这样，这一计划终于在几年前被终止了。

几年之后我得到机会与阿马尔迪合作。那是2010—2014年，我是当时对意大利国家核物理研究院的天体粒子实验进行资助的（意大利）全国委员会主席。那时候我正密切关注室女座干涉仪的加强阶段，即先进室女座探测器（Advanced Virgo），在初版诞生之后，通过整整八年的研究开发，它才终于得以面世。

先进版相较之前在灵敏度上有了10倍以上的提升。在运气够好的情况下，这个投资——这是一笔约2200万欧元的投资，还要加上为建设最初的室女座干涉仪投入的7700万欧元——在当时已经足够检测出第一批事件了。这看起来是个巨大的数字，但事实上，若是将它与意大利国家核物理研究院在同一时间段里为日内瓦欧洲核子研究组织的加速器和粒子探测器——它们在 2012 年成功发现了希格斯玻色子——投入的金额相比，简直就是杯水车薪。同时美国也在进行着相似的计划：LIGO 由两组干涉仪组成，其中一组由两台相距 3000 千米的机器组成。值得一提的是，美国在 LIGO 上所投入的资金——包括聘用科研人员的经费，这在美国同样被纳入整个计划的总开销——是欧洲项目开销的五倍，这也表明大西洋彼岸的科学界在面对引力波的这一世纪挑战上远比我们来得严肃认真。不过，不管怎样，在第一阶段即将结束时，我们决定推进一场欧洲和美国之间的超级合作，毕竟这是个双赢策略。根据计算结果，仪器的灵敏度会随着干涉仪之间的距离增加而显著提高。于是，随着两台先进干涉仪——LIGO（2015 年 9 月）和先进室女座探测器（2017 年 2 月）——的先后启动，很快我们便得到了结果。2015 年底，LIGO 的两台干涉仪初次探测到了引力波。此后的几个月里，它们又陆续检测到了其他波动。而 2017 年 8 月，终于，先进室女座探测器也发现了引力波——至此，参与项目的所有三台干涉仪都成功发现了引力波。

　　不过现在，让我们暂时回到 2012 年。当时，先进室女座探测器的开发工作正在紧锣密鼓地进行中。大家都心知肚明其中的利害关系，但不可忽略的是，室女座干涉仪和 LIGO 的项目投入简直天差地别。但想要再做干涉已经为时已晚。当时摆在我们面前的是一个典型的社科问题：参与室女座干涉仪项目的科研人员（区区几百人），相比欧洲核子研究组织为进行 LHC 实验所投入的人力，根本不值一提。同时，欧洲范围内的经济支持也极为有限，其中有部分原因源自项目无法实现的极高风险，毕竟这个实验的难度有目共睹。在那种情况下我意识到，除非奇迹发生，否则我们只能在诺贝尔奖的角逐中落败而归了——尽管意大利已经依靠贾佐托和他的科研团队，拥有了惊人的竞争力。当时，随着位于得克萨斯州、全新未完成的 SSC[1] 项目的关闭，美国科研界开始将注意力转向引力波的研究。这也是为什么他们能够在该领域投入大量资源，并势在必行，要赢得这场竞争。幸运的是，两次合作进展顺利，欧洲也因此得以继续留在同一赛场，共享这份伟大的胜利——尽管在初次发现引力波的决定性时刻，先进室女座探测器还尚未投入使用。今天欧洲正在草拟下一个干涉仪计划，它被称为"爱因斯坦望远镜"：这将是一台建于地下的超先进仪器，能对检测仪的灵敏度做进一步提升。但懊悔的苦涩还是长留心中：未能把握住 20 世纪 90 年

---

[1]　超导超级对撞机（SSC，Superconducting Super Collider）。

代末那奇迹般的瞬间，未能充分支持并及时承认像阿达尔贝托·贾佐托等一批优秀人才的远见卓识——他们曾为了这一项目的达成筹备了整整 30 年。

那么室女座干涉仪实验室又是长什么样的呢？乍看之下，它和我们在报纸、电视上见过的日内瓦欧洲核子研究组织等研究机构并无不同：建筑仅几层楼高，其中有办公室、工作室、实验室、演算中心和会议室。不过慢慢你会发现，它还是展现出了些许差别。高能物理实验室通常运转着一台或多台加速器。这些仪器，顾名思义，是利用尽可能高的能量对粒子进行加速。它们由大型磁铁组成，而粒子束在这些磁铁的作用下被迫流动形成一条环形轨道；而高压运行的射频腔则负责对光束中的粒子进行加速。这样一台加速器会消耗巨大的电力，这也导致了其运转成本高昂：这也就是为什么欧洲核子研究组织不会在冬季进行实验。在轨道的某些点上，光束碰撞后会形成次级粒子[1]；而这些粒子的碰撞，则会被复杂的探测仪器逐一"拍摄"下来。有些大型探测器甚至能有五层楼那么高，如 ATLAS（A Toroidal LHC ApparatuS，超环面仪器）和 CMS（Compact Muon Solenoid，紧凑渺子线圈）。控制室里的科学家会对这些粒子碰撞的频率进行监测：粒子们在每秒内碰撞的次数越多，加速器的亮度就会越高，

---

[1] 次级粒子是核辐射撞击原子核所产生的各种光子、重子、轻子等粒子。

我们获取数据的速度也就越快。

而引力波的研究重点则完全相反：我们要让两束辐射方向相互垂直的激光光束，在两只反射镜之间进行尽可能长距离的辐射，并在二者汇合之前尽可能减少一切干扰因素。那么要怎样才能做到这一点呢？我们需要将两只长达 3 千米的中空管道摆放成相互垂直的状态，光会先在反射镜之间进行十几次精准反射，再被传送至探测器。这台探测器是一个光电二极管，两束光束将汇合于此。当两束激光同相[1]抵达时，光的强度便会呈现峰值；反之当它们反相时，则将产生一片黑暗。科学家们会在控制室里，对投射在大屏幕上的光点进行观察，记录它们任何细微的变化。

室女座干涉仪似乎有点不食人间烟火。像欧洲核子研究组织的加速器，通常有几十个控制系统和动力装置一丝不苟地同步工作，以确保前面所说的高能粒子之间的剧烈碰撞；而室女座干涉仪的工作则相反，我们要尽力保证光束不产生任何变化。因为只有这样，我们才能从环境噪音中分辨出那

---

[1]　相位，是描述信号波形变化的度量，或物体周期运动的阶段，通常以度（角度）为单位；当信号波形以周期的方式变化时，波形循环一周即为 2π（360°）。两个频率相同的交流电相位的差叫作相位差，或者叫作相差。相位差为 $2n\pi$（n 为整数），两个波称为同相波，产生的干涉是相长干涉。相位差为（$2n+1$）π，两个波称为反相波，产生的干涉是相消干涉。这就是波的叠加原理。

些来自遥远宇宙大灾变、由引力波传递的微弱信号。而从声音的角度上我们可以说，欧洲核子研究组织致力于制造声势浩大的爆炸，而室女座干涉仪则在努力营造完美的寂静，倾听宇宙的低语。

随后便来到了 2015 年 9 月 14 日，一道新的天文学曙光就此降临。发生了什么重要的事？

如前所述，LIGO 的分析系统在两台干涉仪中都确认到，在探测区内有一个光斑在显著晃动。这是个明确的信号，根据模型推演，它可以追溯到某个遥远星系中两个黑洞的合并：其中一个约 35 个太阳质量，另一个约 30 个太阳质量，它们一起融合成为一个约 63 个太阳质量的黑洞。这样一场宇宙大灾变，会在最后的几毫秒内释放出惊人的能量，甚至能在某一瞬间超过整个宇宙的光度。而它所带来的影响，会导致 LIGO 的手臂长度发生约等于质子直径千分之一的变化——转换到我们银河系的尺度里，差不多就相当于一根发丝的厚度！从那之后，我们陆续检测出了许多其他事件，其中一个是两颗中子星的合并[1]。与黑洞的融合不同，中子星合

––––––––––

[1] 中子星合并，又称中子星碰撞，是一种恒星碰撞，其发生方式类似于两颗白矮星合并产生 Ia 型超新星。当两颗中子星紧密地相互绕行时，它们会因为引力辐射的关系而随着时间的推移向内旋转，最终会发生碰撞，并形成更大质量的中子星或黑洞。

并会制造出大量惊人的爆炸，在地球上或太空中都清晰可见。引力波观测中一个有趣的特点便是我们可以从实验探测到的信号里提取出数量可观的信息。而事实上，广义相对论早已准确指明了这些现象是如何发生的，而其模型也与观测结果基本吻合；进行融合的物体的质量、种类，它们的旋转状态、速度以及相对位置，都可以被确定。以当代干涉仪的灵敏度，当它们运转时，差不多可以以一周一个事件的频率进行信号探测；而今天还有另外十几个引力波信号，正等待着我们确认。引力波的发现，为天文学翻开了一个全新篇章；作为长久以来的未解之谜，这一发现的重要性，可与伽利略那极具革命性的望远镜观测相媲美。引力波帮助我们观测到宇宙中以黑洞和中子星为主的黑暗部分，并使我们有机会深入研究各种转瞬即逝的现象。这些现象取决于其初始系统的特征，大多持续几秒或几分钟。随着中子星相关事件所带来的大量可见辐射被陆续观测到，多信使天文学[1]也就此诞生：它意味着同一现象，可以通过引力波和可见光两种波进行观测。

　　这种观测方式让我们能够以极高精度确认这两种波的相

―――――――――

[1]　多信使天文学是基于针对各种不同的"信使"信号的、相互协作的天文观测和解释的一种天文学。行星际探测器可以造访太阳系内的天体，但是如果超出了这个范围，那么信息就只能依赖"系外信使"了。四种系外信使包括：电磁辐射、引力波、中微子和宇宙射线。鉴于它们诞生于不同的天体物理过程，因此也揭示了有关这些现象源头的不同信息。

对速度：除去一部分极小的实验误差，二者的速度基本相同。同时我们也有机会了解到，在中子星融合之际，那足以创造出重核的极端条件是如何形成的——正是从这之中，诞生了金以及其他质量高于铁、无法在恒星内部自行合成的重原子核。在我们所观测到的某场中子星碰撞中，产生了不计其数的重金属，如金、铂、铀；单单金产生的总量便与地球上的相当。随着引力波探测的深入，黑洞逐渐成为热门的观测对象。例如2017年4月，马克斯·普朗克学会[1]的科学家们用八台大型射电望远镜组建了一台超级仪器，他们将观测台扩大到与地球宽度相当的程度，[2]并为这台仪器设置了20微角秒[3]的角分辨率[4]。通过一台超级计算机长达两年的精密分析，我们终于从中获取了一张大质量黑洞的直接图像，它位于一个距地球5500万光年的星系中。这也堪称21世纪天文学的又一巨大进步。

---

[1] 马克斯·普朗克学会，全称马克斯·普朗克科学促进学会，国内简称马普学会，其联合了德国一流科学研究机构。到2020年为止共有35名研究员获得诺贝尔奖。

[2] 根据瑞利判据，若想观测黑洞，射电望远镜的孔径需大于8000公里，而地球的半径约为6400公里。此处运用了甚长基线干涉测量（VLBI），此技术将全球多个望远镜组成口径相当于地球直径的虚拟望远镜。——编者注

[3] 角秒，又称弧秒，是平面角的度量单位，即角分的1/60。1角秒等于1000毫角秒，1毫角秒等于1000微角秒。

[4] 角分辨率，指仪器能够分辨远处两件细小物件时，它们所形成的最小夹角。角分辨度是光学仪器解像能力的度量，角分辨度愈小，解像能力愈高。

$\boxed{22}$

接近无限大

宇宙的尺寸

让我们继续向着无限大前进的旅程。我们对宇宙的现有大小和未来尺寸有什么了解？鉴于宇宙已存活了大约 138 亿年并仍处于膨胀中，根据观测，它的直径可能达到约 930 亿光年，也就是 10^{27} 米，而这个数字的一半，便是宇宙在诞生之际所辐射出的光子抵达地球时所经过的最远距离。正如我们前面所见，可观测宇宙的半径远远大于宇宙年龄和光速的乘积，原因在于，时空度量在持续膨胀，而光速却是有限的。这意味着今天的我们可以观测到来自各个星系的远古光线，与此同时，发射光线的这些星系正在逐渐离我们远去，甚至已经遥不可见。

在每两个相距遥远的点之间，度量都在持续膨胀，这个膨胀速度，正如我们前面所见，由哈勃常数决定。由此我们也能轻易看出，可观测宇宙的大小如何随时间而变化。每一瞬间，都有一部分遥远的星系从我们视线中消失；同样，可视宇宙的边界也在以略低于光速的速度逐渐延展着，它将这个瞬间之前还不属于我们可观测宇宙范围内的辐射光线陆续纳入其中。在当下这一时刻，从人类尺度出发——我们通常以米作单位——需要经过 27 个数量级单位，才能转换至人类可抵达的最大距离。尽管那已经是一个天文数字，然而与宇宙的真实大小相比，依然微乎其微。

在见识过宇宙的各种时间空间尺度后，我们逐渐了解了它的一些特性：据我们所知，这些特性在宇宙各处都表现一致。原始（能量）波动所遗留的痕迹，随时间的推移逐渐导致了暗物质的增长，而暗物质又推动了巨大的初始星云的分裂，使它逐渐演变出了无数不同的结构。正是这些结构，在随后催生出了黑洞、恒星和星系。引力，在其他基本相互作用力的陪伴下，为宇宙带来了大爆炸后不久还不存在的重元素。在宇宙诞生近 140 亿年后，宇宙仍远未达到平衡状态，尤其是空间膨胀依然还在持续当中。在大约 100 亿年前，暗能量的密度便超过了物质，而今天宇宙距离上度量的加速膨胀，可能也是源自暗能量的影响。这个加速膨胀似乎会持续相当长的一段时间，甚至将超过目前宇宙的寿命。

那么关于那个无法触及的不可观测宇宙，我们又知道多少呢？很少。我们只能止步于猜测，毕竟在可观测半径之外，我们与宇宙的其余部分并不存在因果联系。宇宙微波背景[1]令我们得以观测到复合时期，也就是大爆炸发生37.9万年之后的宇宙的特征：当时温度开始下降而氢原子和氦原子也开始形成。尽管这些辐射帮助我们确定了可观测宇宙的平均曲率，但却无法提供更多关于宇宙真正大小的信息。欧洲航天局发射于2009年的普朗克卫星[2]所测量的最新数值显示，宇宙的平均曲率为零，误差为0.5%，因此可以说这些数值对我们几乎毫无帮助。根据我们今天所了解的情况，有理由相信我们所能触及的，只是这个巨大宇宙中微不足道的一小部分。

不过最重要的是，这让我们提出了一个疑问：我们的宇宙真的是唯一存在的宇宙吗？在它之外是否还存在着一个，两个，或是千万个其他宇宙？这一点我们无从知晓。其实更应该说，在这个课题上，我们注定要止步于猜测。如果我们在前几章中讨论过的宇宙起源机制是正确的，那么我们就不得不面对一个极为怪异的情况：宇宙诞生于虚无，那么也无

---

[1]　宇宙微波背景是宇宙学中大爆炸遗留下来的热辐射。在早期的文献中，"宇宙微波背景"称为"宇宙微波背景辐射"或"遗留辐射"，是一种充满整个宇宙的电磁辐射。

[2]　即普朗克巡天者，是欧洲航天局在2000年的第三个中型科学计划。它的设计目标是，以史无前例的高灵敏的角解析力，获取宇宙微波背景辐射在整个天空的光学各向异性图。

须为它的诞生而耗费任何能量。根据目前主流的理论框架，在充斥着量子涨落的大爆炸最初时期，基本场[1]的特征便已经通过基本粒子间相互作用中的对称性破缺逐渐成形。但这一切只有在极高能量的作用下才能实现。这就好像在时间诞生之初，我们曾拥有一张完美的圆桌，整洁对称，客人们入座之后，因每个人穿戴各异，于是他们便用自己的习惯和物理特征，使这张桌子逐渐失去了一开始所拥有的对称性。根据对称性破缺过程中所定义的各种变量，一个拥有独特性质的宇宙便有可能就此形成。它们几乎与我们的宇宙一样，内容丰富、结构完整，但在大多情况下，这些宇宙都无法形成粒子、原子和分子，就更别说发展出生命这种程度的复杂存在。由此我们便提出了人择原理[2]，根据这一理论，我们所生活的宇宙之所以是现在这个样子，是因为只有当物理定律以这种形式实现时，才能发展出有能力对宇宙本身进行观察和思考的智慧生命。这一逻辑认为，世间还存在着无数其他宇宙，但它们与我们的宇宙没有任何联系。它们随大爆炸时期所定义的不同法则而发展成型。不同宇宙中，量子力学、熵

---

［1］　场，是一个以时空为变数的物理量。空间中弥漫着的基本相互作用被命名为"场"。

［2］　人择原理，是一种认为物质宇宙必须与观测到它的存在的智慧生命相匹配的哲学理论。该原理提出了认识主体（人）和认识客体（宇宙）之间的一种不可分割的关系。

和相对论这三条法则或许是相同的，但其中基本粒子的质量和电荷、普朗克常量的数值、不同力的强度以及其他元素，则大不相同。

这个理论的确具有一定魅力。从另一方面来说，除了分析和推理之外，我们也确实无法更好地辨别其他宇宙的存在。不过，这个想法也绝非新鲜事。恰恰相反，回想一下乔尔丹诺·布鲁诺的大胆思辨——我在书中两次将他提及并非偶然——那有关无限宇宙中存在的无限世界。而事实上，为了解释我们的存在，这浩瀚宇宙中的微小尘埃，我们只能提高赌注，引入无限（且未被定义）的宇宙；而其中只有一个，在宇宙级别的"一眨眼工夫"里，能够演变成为我们的家园。这个说法是否令人信服呢？难以判断。有人不禁要问，难道没有在概念上更为"经济"、无须动用"无限"这一我们根本无法触及的数值来描述宇宙的方法吗？这就有点像我们才刚学会如何用数字来做四则运算，解决有限的日常问题，就要面对数学上的无限时所感受到的眩晕。而在物理上，这个问题则显得更为微妙：我们似乎在与无限个零打交道，其中只有一个与我们有关，而其他所有，都只存在于我们的脑海中。

$\boxed{23}$

接近无限小

原子和亚原子的微观世界

我们这趟宇宙探索之旅已经逐渐逼近了遥远的宇宙边界，而这个因可观测性限制而被迫设下的边界，今天看来不可逾越的障碍，就是光速。现在，让我们开始另一段同样精彩纷呈的旅程，去接近无限小：你将会发现，在这个过程中，从某个瞬间开始，我们将不得不止步于实验性障碍，而这原因，便来自我们最先进的观测工具——粒子加速器的限制。

伽利略在 1610 年观测月球表面时发现，它并非像"许多哲学家"所声称的那样，是一个"光滑、均匀、精确的球形"；恰恰相反，它"粗糙不均，充满了凹陷与突起，一如地球表面"，这意味着月球的表面覆盖着大片峡谷与山脉。这次观测打开了一扇全新的大门，初次将人类尺度与广袤宇宙这自古以来被视为遥不可及的传说之地相连接。此后几十年里，随着显微镜的发明，研究对象的尺寸更是进一步向着细微不可见的世界拓展，但严格意义上来说，我们能够意识到组建行星的成分与构成我们自身和周围的物质相同，已经是一场意义非凡的革命。

我们习惯于认为，物理法则适用于全宇宙，而宇宙也由同一类型的物质构成，直到 20 世纪初，我们才终于开始了解由原子和亚原子组建的微观宇宙。这是一个肉眼无法看见的，由量子力学统治的世界，我们只能通过精密仪器进行分析、学习，了解观测对象的属性。值得注意的是，从实验和概念角度上来说，恒星、行星的研究，与原子、原子核以及基本粒子的研究大相径庭。在微观宇宙中，我们就像蒙着眼的玩家，带领着一群队友，试图用棒槌打碎罐子，搜寻藏匿其中的宝藏[1]。而我们用来敲击的棒槌，便是粒子加速器：越是高能的基本粒子，越能有效地对微观世界进行探测。为达成这一目的，我们会利用例如宇宙射线等天然加速器，它们会通过宇宙深处的磁场进行加速，或者如日内瓦欧洲核子研究组织的高能加速器这类人工加速器。我们将通过这一系列实验，

---

[1] 这个典故出自古罗马剧作家普劳图斯的戏剧作品《一罐金子》。故事讲述了一个吝啬小气、疑心重重的老人欧斯洛无意间得到了一罐金币，如获至宝的他日夜不安提防着小偷，然而藏宝罐最终还是被偷走了。欧斯洛不甘心，便四处寻觅，好在最终藏宝罐被成功寻回，并被赠予女儿做了嫁妆，老人才安然宽心。

去了解物理世界的基本结构和它不可分割的基本成分，以及为它的活动制定规则的各种力。

正是在宇宙射线的帮助下，我们在 20 世纪初发现了一系列基本粒子，打开了一个全新的研究领域——核物理[1]。

20 世纪下半叶，人工加速器的潮流席卷而来；它们越来越复杂且巨大，并在超大型加速器中达到巅峰。正是它们，揭露了第六种夸克[2]、中间玻色子[3]和希格斯玻色子。粒子加速器是一种真正意义上立足于量子力学的强效显微镜：高能粒子间的猛烈撞击，会激发出一种持续时间极其短暂的虚态，与大爆炸时期特有的量子涨落十分相似，但总能量为正。这一状态会迅速衰变，并形成一系列与原始粒子截然不同的全新粒子[4]。此时，在为原始粒子输送了大量能量之后，便可以

---

[1]　原子核物理学，简称"核物理"，是探索原子核结构和性质、原子核相互之间作用及原子核与其他粒子作用规律的一门学科。其主要研究内容为原子核结构的分类与分析、原子核相互之间及原子核与其他粒子的作用规律，以及推动相应的核子技术发展。

[2]　即顶夸克。

[3]　传递弱相互作用的粒子，包括 W^+、W^- 和 Z^0 玻色子。

[4]　即虚拟状态的粒子，虚粒子，是量子场论在数学计算中所提出的一种解释性概念，指代用来描述亚原子过程例如撞击过程中粒子的数学项。但是，虚粒子并不直接出现在计算过程的那些可观测的输入输出量中，那些输入输出量只代表实粒子。因为根据海森堡的不确定原理，在亚原子过程例如粒子碰撞中，到底"实际上""真正"发生什么是无法直接观测的，因此便出现了虚粒子这种概念化手段，用于诠释亚原子反应过程中所发生的一系列事件。

从中创造出质量惊人但平均寿命异常短暂的粒子。例如由欧洲核子研究组织发现的中间玻色子和希格斯玻色子，质量都接近质子质量的 100 倍；而第六种夸克，即由位于（美国）芝加哥的费米实验室发现的顶夸克，其质量更是接近质子质量的 200 倍。

而这种效果，则完全源自量子力学和狭义相对论所定义的质能等价法则。这就好像我们拿着一把樱桃扔向杏树，最后从中结出了一大串葡萄：在微观世界中，不同类型的粒子之间是可以互相转变的。

在近一个世纪的研究后，诞生了我们此前已经介绍过的基本粒子和相互作用力的标准模型。那这又是什么呢？它相当于核物理学界的元素周期表。这是一个精巧优雅的表格，其中描述了物质的构成，以及它们之间通过三种基本作用力（电磁力、弱相互作用力和强相互作用力）所进行的相互作用。标准模型并不涉及暗物质产生的粒子或存在于真空的暗能量，这意味着它实际上只对宇宙中不到 5% 的粒子进行了系统性描述。而为了描述其他粒子，如由暗物质引发的粒子，我们只得将标准模型扩写。但这并不影响标准模型成为人类优秀的研究成果：在其发展过程中添砖加瓦的各种想法和理论工具，无疑将为未来的研究方向提供有效支持。

那么标准模型又说了些什么呢？首先，它将基本粒子分为两大类：费米子和玻色子。这两个名字源自两位物理学家：意大利人恩里科·费米和印度人萨特延德拉·纳特·玻色（Satyendra Nath Bose）。费米子是构筑物质的基石，而玻色子则组建了基本力。这两种基本粒子，都拥有着一个独特的基本性质：它们都具备着某种数量的角动量，即自旋。这意味着它们会像螺丝意面一样沿自身旋转，而作为量子意面，它们的自旋量子数由半整数进行定义。费米子的自旋数为半整数（0.5，1.5，…），而玻色子则为整数（0，1，…）。

基本费米子被归为 3 个族（family），每一族都由 4 种不同粒子所组成：2 个轻子，其中 1 个带电，另 1 个电中性；2 个夸克，其中一个电荷为 2/3 而另一个则为 −1/3。例如，第一族便囊括了电子 – 中微子和上夸克 – 下夸克两个组合。我们在前面已经介绍过，夸克无法被单独观测到：它们会形成更复杂的粒子，例如夸克 – 反夸克组合所形成的介子，或是由三个夸克形成的重子。

标准模型中的粒子状态稳定，平均寿命长，因此它们在宇宙组建的过程中起到了至关重要的作用。例如组成原子核的中子和质子，就是重子；或是围绕原子核旋转的电子，它们中和了原子核的电荷并就此形成了原子；而中微子更是在为恒星提供了巨大能量的核聚变反应中，扮演了关键角色。至于力的载体，我们拥有光子——它传递着影响所有带电粒子的电磁力；三种中间玻色子，W^+、W^- 和 Z^0 玻色子——它们负责传递（影响着所有基本粒子的）弱相互作用；以及 8 种胶子——它们负责传递（影响着夸克的）强相互作用。所有上述玻色子，作为基本力的媒介子，自旋数都为 1；而引力的媒介子，引力子，自旋数则为 2。值得注意的是，引力这一涉及所有基本粒子的基本作用，并未被纳入标准模型，原因是我们目前还无法在同一理论框架内协调引力与其他三种基本力。最后，我们还有一个自旋数为 0 的特殊玻色子：希格斯玻色子，它负责为所有基本粒子提供质量。根据现有理论，所有标准模型的基本粒子，都是不具备内部结构的点粒子[1]，它们拥有一些独特的基本属性，如电荷、质量和自旋。而从实验角度来看，我们可以断言，如果一个电子拥有内部结构，那么这结构必小于 10^{-18} 米。

我们耗时近十年，才搭建了现在这个简洁优雅的标准模型。它的发展过程值得我们一一回顾：这教科书般的案例将带我们领略，大自然如何在人类眼皮底下隐藏自己的基本性质，同时也将带我们了解，科研人员付出了多少智慧与努力才揭开了这个领域的神秘面纱，向着更为深层的知识进发。

我们首先要面对的挑战，便是原子结构。欧内斯特·卢

---

[1]　点粒子，是物理学中常用的一种理想化粒子概念。其主要特色是维度为零，不占有空间。

瑟福（Ernest Rutherford）在 1908 至 1913 年完成的实验帮我们了解到，原子拥有一颗紧实沉重的内核，电荷为正，它的周身被一圈轻盈、电荷为负的电子所包围。如果没有量子力学在那些年里的发展，我们便无法了解原子的特性以及组成原子的各种亚原子成分。同时，对宇宙射线的观测，以及第一批加速器完成的实验，都揭露了一系列不稳定的粒子；也正是因为其状态不稳定，我们才无法在普通物质中发现它们。而进一步的研究更是发现了举世震惊的反物质，以及与已知粒子特性相反的反粒子，如正电子（即反电子）和反质子。

量子力学，从最初的与相对论相斥，一路发展直至将代表质能等价的狭义相对论囊括在内，为理论分析基本粒子及相互作用的力场性质提供了一个强有力的方法。这个理论的发展引领了一段漫长的辉煌时期，它为无数研究打下了基础，并一路将研究范围拓展至宇宙诞生的最初瞬间。随着愈发强大的加速器的出现，我们陆续发现了一系列意料之外的新粒子和新现象：其中就包括了某些基本对称性的破缺。例如宇称守恒[1]的打破——在宏观世界里我们总是可以找出两个属

---

[1] 宇称，在量子力学中被描述成宇称变换中的量。宇称变换会将一个现象转化为其镜像，在量子力学中代表着空间反对称，即当同一种粒子之间互为镜像时，它们的运动规律便是相同的。大部分的标准模型都呈现宇称对称，但弱相互作用会破坏这种对称性；而从中推导出的宇称不守恒，也称 P 破坏或 P 不守恒，则是当代物理学的一个重要原理，由物理学家李政道与杨振宁于 1956 年提出。

性互为镜像的物体，而在微观世界中则不尽然。比如中微子，考虑到它们只会向着速度方向旋转，所以它们只能左旋；与电子不同，它们并不拥有互为镜像、右旋的另一半，而电子则拥有左右两个自旋方向。另一个例子则是时间反演对称[1]的破缺——在宏观世界里我们可以将这理解为一部倒带的电影，一堆碎片重新拼合成花瓶，虽然令人发笑但理论上倒也可行；然而在微观世界中，基本粒子间的某些反应则受到时间算符的牵制，根据时间顺流或倒流的不同而改变。这一系列的发现，不少都受到了诺贝尔奖的认可。

但是量子力学并不能预测世间存在的粒子数量以及它们的属性。只有通过实验，借用越来越强大的加速器，我们才能系统地揭秘越来越高能的领域，去发现各种基本粒子的质量。大部分发现都真正意义上让人惊喜；而每一次，我们都以为探索到了尽头。就像当初大家知道了存在三种类型的夸克之后，试图发展理论以解释这三种基本粒子所形成的核状态的时候一样：这一切被突如其来的全新基本粒子，J/ψ 介子打破。它立即被认定为第四种夸克，我们由此确认了两两一组的粒子族。这第四种夸克，也就是被冠以符号 c 的粲夸

---

[1]　时间反演对称或 T 对称，指空间坐标保持不变，时间坐标改变符号的变换，可以简单理解为时间倒流。虽然在一些限定条件下存在时间反演对称性，但是由于热力学第二定律我们观测到的宇宙并不具有时间反演对称性。

克的发现，举世轰动。两大竞争团体——位于纽约附近布鲁克黑文的美国国家实验室的丁肇中（Samuel Ting）实验团队，和位于加利福尼亚斯坦福的直线加速器中心的伯顿·里克特（Burton Richter）实验团队——分别发现了它，并同时于1974年11月发表了这一发现。

在那些年里，重大成果层出不穷。1977年利昂·莱德曼（Leon Lederman）在费米实验室发现了Y介子。它比此前发现的所有夸克都重，由第五种夸克底夸克与其反粒子组成。此时人们已经迫不及待迎接第六种夸克——顶夸克的到来了。但谁也没有想到，它的质量竟然高达质子质量的180倍。而我们在近20年后，也就是1995年，才终于在费米实验室中将其发现。

J/ψ介子的发现和"11月革命"[1]给我的科研生涯带来深刻影响。1978年在欧洲核子研究组织，我跟随当时的新晋诺贝尔奖得主丁教授，开始了我的毕业论文写作。当时丁肇中是麻省理工学院（MIT）的一位年轻的美籍华裔教授，他意志坚定，不畏艰险，逆流而上；他那不拘一格的形象，正是达妮埃莱·德尔·朱迪切（Daniele Del Giudice）笔下，Atlante

---

[1] "11月革命"，指的是上述的丁肇中团队和伯顿·里克特同时于11月发现J/ψ介子，为粒子物理学带来了巨大改变，因此被称为"11月革命"。

Occidentale[1]中那位马基雅弗利式中国物理学家的原型。但1978年的我未曾想到，我们在欧洲核子研究组织的合作竟将持续近40年，后来，我们在空间探索领域也继续保持合作，一起通过宇宙射线寻找反物质——我将在后续章节中进行介绍。

---

[1] 书名大意为：西方阿特拉斯。

24

大科学[1]

无法预见的发明发现

　　CERN，欧洲核子研究组织，一个值得铭记的名字，它一直以来在粒子物理学界都起着举足轻重的作用，而今天，它更是成为这个领域中最重要的全球性实验机构。它由一群包括意大利人爱德华多·阿马尔迪和法国人皮埃尔·俄歇（Pierre Auger）在内的欧洲科学家成立，它象征着欧洲核物理学界在第二次世界大战、曼哈顿工程[2]所代表的侨民流失以及随后对这个领域军事化利用之后的重生。今天对于全球

---

[1]　大科学，指由大规模集体进行的科学研究方式。1963年美国科学史家普赖斯在《小科学，大科学》一书中指出，"大科学"具有研究项目规模庞大、结构复杂和多学科协作等特点。大科学需要大量的资金，实验设备昂贵复杂，研究目标宏大，因此多以国际合作的形式进行，是现代科学研究的一种重要方式，如研制原子弹的曼哈顿工程、研究登月飞行的阿波罗工程等。

[2]　曼哈顿工程，是第二次世界大战期间美国陆军部研制原子弹的军事计划，由美国主导，英国和加拿大协助进行。

成千上万的科研工作者而言，欧洲核子研究组织已经成为探索自然基本定律的同义词：以最精密的实验仪器和理论工具，探秘最为高精的领域。它更是因为声名显赫，成为丹·布朗（Dan Brown）的畅销小说《天使与魔鬼》的灵感源泉之一。

因为实验仪器的复杂性，欧洲核子研究组织的工作通常会以国际团队的形式展开。我不禁想起，在 20 世纪 70 年代末，三十几个人就能被称作大型团队了，而当时的实验通常也就持续个三四年——现在想来，有点令人发笑。如今在大型强子对撞机（LHC）中进行的实验，基本都需要 50 多位科研人员长达数十年的努力才能完成。

就在 40 年前，我初来乍到，便被这个大型实验室深深震撼：一条条用著名科学家命名的街道，24 小时昼夜不停地实验工作；研究人员在这里会面交谈，喝咖啡闲聊，在宽敞的会议室里开展各类研讨会或组织其他合作。今天也依然如此，而网络和社会的发展，更是大大丰富了集体活动。

CERN 的图书馆坐落在整个实验机构的中央，日夜开放，对我来说，那一直是个令人难忘的地方。我向来喜爱书籍，因为这是全人类共享的知识档案。值得一提的是，在科学界，基础理论的书本曾一度（至今也依然）都是以英语写就，所以在意大利不太容易找到。而在欧洲核子研究组织，它们一应俱全，唾手可得。要知道当时还没有万维网，而这正是蒂姆·伯纳斯·李（Tim Berners-Lee）于 1989 年在欧洲核子研究组织的发明成果。当时互联网刚刚起步，也不存在亚马逊或任何互联网巨头。我记得在图书馆度过的每一个夜晚：我常席地而坐，身边摆满了书，它们一本叠着一本打开，方便我实时比对原文与引文——就和我们现在在电脑上打开一排窗口，在不同 PDF（PDF 文件格式）间切换一样。这在今天不过小事一桩：只要鼠标一点，我们随时可以轻轻松松地获取所有可用信息。但在当时可不是这样，我们最需要的信息往往最耗费心力。于是那里便成为我理想的学习研究场所。很长一段时间里，我每次去美国都会满载书籍回意大利。因为重要书籍是必要的参照。很多书你可能永远也不会去读它，只是在有用的时候翻阅一下，但传世经典还是值得拥有，因为这是一种和作者之间的物理联系，那是某个人在遥远的时间和场合下，为全世界贡献的文化财富。它们是人类文明的基石。没有书籍，我们将失去作为人的记忆；而没有记忆的人类，也就只是一群无头苍蝇。

我时常会想，万维网的诞生和互联网的渗透为我们的世界带来了多少翻天覆地的变化。知识传播的速度无限提升，但与此同时，它也更趋向产业化和碎片化。今天无论身处何方，只需一台电脑和稳定的网络，即可完成我当年只能在欧洲核子研究组织才能做到的调查。事实上必须承认的是，每当我要深入了解什么东西，或尝试为某个科学问题给出全新解答时，我还是必须在海量信息里寻觅，逆流而上直至找到真正的源头。而这件事，即使在今天，也只能通过安静的阅读获得，但至于它们是纸质版还是电子版，并不重要。矛盾的是，如今获取书籍和研究资料的途径格外简单，真正难的是花费必要的时间对它们进行深入研究。正如维吉尔所说，"闲暇是神的礼物"[1]。在我们这个时代，古希腊人和古罗马人嘴里的"闲暇"已然成为珍稀资源：这是人类最具特色、最为精巧的创造性活动之一，也是做好研究的必要条件，但总是被项目出资人和规划人所不解。尤其是近年来，书目计量评估[2]和分类无可争议地支配了研究质量。更为雪上加霜的是，如我所见，像意大利等国对科研成果的评估越来越缺乏责任感，它们常依靠数字指标而不是专业人士的意见来衡量科研价值。

20世纪70年代末物理学界热议的并不只有夸克模型。当时科研人员们正在为欧洲核子研究组织（CERN）的一项重要发现奠定基础。这项发现，将在几年之后，由横空出世的意

[1] 出自维吉尔《牧歌》。

[2] 文献计量学应用数学和统计学方法，通过计算与分析文字资讯的不同层面，来显现文字资讯的处理过程以及某一学科发展的性质与趋势。文献计量学与资讯计量学和科学计量学，简称"三计学"，是网络资讯计量学的基础。

大利人卡洛·鲁比亚（Carlo Rubbia）和优雅的荷兰加速器物理学家西蒙·范德梅尔（Simon van der Meer）在 1983 年共同完成。当时的研究课题是电磁力和弱相互作用力的统一，即电弱力，也就是我们在大爆炸中见识过的超级力的重要组成部分。曾有理论预测过三种高质量粒子的存在，即中间玻色子 W^+、W^- 和 Z^0，它们的作用相当于电磁相互作用中的光子，而发现它们，便是当时最具野心的科研目标。

正如所有真正的研究一样，这里遍布线索，也充满无数不确定因素。不同的间接观测都以某种精度表明，这批新粒子的质量约为质子质量的 100 倍。但当时还没有任何加速器能提供这等程度的能量。鲁比亚提出了一个出色的方案，改进超级质子同步加速器（SPS）[1]，也就是当时欧洲核子研究组织最强大的加速器。他计划在 SPS 中加入一束（与质子光束）方向相反的反质子光束，借此达到制造中间玻色子的必要能量。

此前从未有人实现过如此高能的反质子束。鉴于它们都是反粒子，所以在物质中并不存在；不过它们可以在加速器中被制造出来，但耗时较长，约数十个小时之久——因为通常每 10 万次撞击才会产生一个反质子。这也就意味着，我们

---

[1] 超级质子同步加速器（super proton synchrotron），是欧洲核子研究组织的粒子加速器之一。它被置于一个周长为 6.9 千米的环形隧道内，位于瑞士日内瓦附近并横跨法国和瑞士的边界。

需要把陆续制造出来的反质子累积存放，直到它们的数量能够形成光束，在 SPS 中被加速。但没有人知道，如何在这么长的时间里捕捉和储存如此多的反质子。

而范德梅尔和鲁比亚成功地做到了这一点。他们发明了一种全新方法，依靠一种复杂的技术，在一个特制的环形蓄能器中对反质子进行冷却。这个突破使我们将 SPS 改造成为史上第一台能够使用质子束与反质子束进行碰撞的加速器。

当时鲁比亚不仅致力于实现这一 SPS 的全新改进方案，同时他在开发一台巨型探测器，试图探测中间玻色子。这就是 UA1（即 Underground Area 1，地下 1 区），它建立在重达 800 吨的巨型电磁铁内，里面安装了一个新型检测器，能够精密检测出两个光束碰撞时所产生的所有带电粒子。这是当时首个能够对所产生的事件的所有细节进行研究的"多功能"实验。在这个意义上，鲁比亚也同样展现出了自己非凡的远见和创新能力。

大学毕业后，我起初在巴黎攻读博士学位，后来为 UA2 工作：这是一个与 UA1 相互竞争的实验，位于 SPS 的另一个碰撞区。这个实验相对小型，不设磁场，由法国物理学家皮埃尔·达里乌拉（Pierre Darriulat）领导。当时我们被批准试验 UA1 所发现的内容；虽然我们尽力想赢得比赛，但还是与胜利失之交臂。我认识卡洛·鲁比亚的时候，他还没成为欧洲核子研究组织的总干事。当时他还是法国巴黎高等师范学院的教授，所有物理系学生眼中的"神兽"。他的研讨会总是异常火爆，他思维敏捷、想法精彩，性格激烈、令人生畏。我曾在 CERN 的中央酒吧遇到卡洛，并与他聊到随机冷却和那两个实验的进展。欧洲核子研究组织至今也是如此，你可以在买咖啡的时候遇上各种杰出人物，同他们交谈学习，甚至为自己的研究生涯带来巨大转变。

1981 年，利用反质子光束进行对撞的 SPS 开始运转。在第一年低强度的数据收集之后，UA2 终于检测到了一个事件，而其中两颗电磁粒子，也就是两颗高能电子，在最终阶段的质量总和与理论预测的 Z^0 玻色子完全符合。然而不幸的是，第二颗粒子处于仪器的观测死角，因此我们无法确定测量是否准确。此时的 UA1 尚未采集到足够数据。但我们也已经无能为力。在此后的两年间，UA1 成功收集了大量数据，并于 1983 年初第一个发表了观测到传递弱相互作用的粒子的证据。而后在 1984 年，鲁比亚和范德梅尔因"其对一项大型计划中的决定性贡献，引领发现弱相互作用的传播者 W^+、W^- 和 Z^0 玻色子"而荣获诺贝尔奖。1989 年鲁比亚成为欧洲核子研究组织总干事，正是在这期间，他主导建造了一台巨型加速器——这便是后来的大型强子对撞机（LHC）。

欧洲核子研究组织引导人思考：什么是科学，如何进行研究，新发现又是怎样诞生的。正如贾雷德·戴蒙德（Jared Diamond）在其著作《枪炮、病菌与钢铁》中巧妙描述的那般，科学，和所有其他文化形式一样，是社会在其组成人数达到某个临界值后所发展出来的活动。即社会的一小部分成员被允许从事某类无法立刻获得经济回报的活动：它们与日常生存无关，但从长远来看，却提供了乍看之下并不明显的好处。

　　这就是为什么这类活动从未出现于小部落群体或农民社会中。只有在经历了城市诞生和工业化社会发展之后，我们才有可能迎来科研的进步。我经常想，人类历史上能出现几个爱因斯坦、牛顿或爱迪生？或许曾经有过很多富有才能、远见和勇气的人，却因出生在错误的时间或错误的地点而无法施展才华。在这种意义上，欧洲核子研究组织可以说是人类能力的至高体现：在不知疲倦的好奇心驱使下，研究着那些看似无用的现象——它们随后总会以意想不到的方式，改变世界。比如欧洲核子研究组织那绝妙的发明——万维网，是它为散落于世界各地的科学家们解决了通信和数据传输的问题，并通过蒂姆·伯纳斯·李编写的超文本标记语言免费提供使用。这可不是小事。万维网所带来的经济效益之大，恐怕就连最老练的分析师也难以估算。而事实上，如今网页早已发展至数十亿个，地球上每天的访问量更是高达天文数字，所以让我们想象一下，如果对每次点击，都征收哪怕是（微不足道的）0.1 美分的税，会发生什么？它将在短时间内带来几十亿的收入，远超欧洲核子研究组织的年度预算。因此我们可以说，像欧洲核子研究组织这类完全由公共资源推动发展的实验室，已经充分证明了其活动的正当性：光万维网这一项发明就已经使全人类受益，而我们还将继续受益于此。

而在位于日内瓦的实验室成立之际，根本没有人能预见这一发明，正如所有改变世界的发现一样。

25

宇宙实验室

来自宇宙的信使

在前几章里我们见到了，宇宙的宏观维度与微观物质的基本性质之间有着多么紧密的联系。因此我们也可以将宇宙看作一个巨大的实验室：在这里，物质和能量以在地球上无法企及的时间、空间及能量尺度，持续进行着形色各异的实验。其中有一个教科书式案例，那便是引力的研究，因为它所涉及的质量惊人，因此观测宇宙远比在实验室里操作来得更为便捷。其实，基本粒子以及其他基本相互作用的研究，也同样受益于宇宙观测：这个研究领域，便是粒子天体物理学[1]。

可以说，粒子天体物理学之于天体物理学，就像象棋之于棋盘。天体物理学研究恒星和星系的形成过程，以及黑洞、

---

[1] 粒子天体物理学，是粒子物理学的一个分支，研究基本粒子的天文学起源及与其有关的天体物理学和宇宙学。

中子星、超新星等极端现象，而粒子天体物理学则利用宇宙中获取的信息，进行与加速器相似的实验——当然，这里使用的器材和探索方式将有所不同。事实上，在精心设定完加速器之后，我们便可以创造出理想的实验条件，并在这个人为制造的特殊情境下探索自然法则。而宇宙观测则截然相反，我们需要的是无限耐心，等待宇宙辐射为我们带来讯息。实际上，除了可见光，宇宙还向我们发送了许多其他信号，尤其是那些肉眼无法辨别的不可见波谱，其中一些在很多时候甚至都无法穿越大气层——这也就是为什么我们需要放置空间卫星来协助研究。其他的信使还包括来自我们星系遥远地带的引力波以及转瞬即逝的中微子，想要探测到它们，需要配备大量冰块、水和其他极为特殊的材料。此外还有宇宙射线，它们由稳定的带电粒子组成，诞生于我们的太阳系之外，经过数百万年变化不一的磁场加速，在某些情况下甚至能达到任何人工加速器都无法企及的高能水平。

为了充分了解宇宙这个实验室在我们探索自然界的基本规律上发挥了多么至关重要的作用，现在让我们回过头来看一看牛顿力学和万有引力定律，或是那些从哥白尼、布拉赫、开普勒和伽利略的天文研究中推演出的重要结论。事实上，只有在行星际空间[1]里，天体们才能从外力中解脱，获得足够的自由，并像牛顿第一运动定律所描述的那样，进行长时间的匀速运动。而在地球上，一切都将在一段时间之后，因无处不在的摩擦力作用而停止运动。正是通过宇宙观测，牛顿明白了，发生在地球上的重力和自由落体运动同样也是支配行星与恒星的法则，由此诞生了万有引力理论。那则著名的"苹果故事"，除了讲述了一个实际发生的现象以外，更是揭示了牛顿是如何在某一刻顿悟，千里之外的月球和这个在地球上自由落体的苹果一样，其实都受制于同一条运动法则。也正是得益于这一系列思考，牛顿成功推导出了决定我们体重的地球上的重力加速度和万有引力常数之间的关系。

另一个例子，是宇宙射线为粒子物理学的诞生所做出的贡献。在维克托·赫斯（Victor Hess）于 1912 年发现了宇宙射线之后，资深科学家们便越来越容易在宇宙辐射和大气原子进行碰撞之际，发现新的基本粒子。

宇宙射线的研究引导了无数新基本粒子的发现：第一个反粒子，即正电子便是在宇宙射线中发现的；同样的还有 μ

---

[1]　行星际空间，是太阳系内围绕着太阳和行星的空间，这个区域由行星际介质主导，向外一直延伸到太阳圈，在那儿，银河系的环境开始影响到伴随着太阳磁场的粒子流量，并且超越太阳磁场成为主导。

子[1]和反 μ 子，带电 π 介子，还有包括了第三种夸克——奇夸克，以及 K 介子和 Λ 粒子[2]在内的第一批粒子。一个全新领域的物理学就这样从宇宙信息的研究开始，逐渐成形。非常规物质，这些普通物理无法解释但对研究基本相互作用极为关键的物质，在这些为宇宙加速器提供能量的基本粒子作用下，终于向我们揭开了面纱。

但粒子天体的研究并没有随 20 世纪 50 年代人工加速器的出现而消失。而事实上 20 世纪 90 年代的一项重要发现，正是通过准确测量了低能中微子束——它们要么直接诞生于太阳内部的核反应，要么因宇宙射线轰击大气层而产生——成功实现。加拿大萨德伯里中微子观测站和日本超级神冈探测器这两个地下实验室所采集到的数据，为阿瑟·麦克唐纳（Arthur B. McDonald）和梶田隆章（Takaaki Kajita）赢得了 2015 年诺贝尔奖。他们澄清了，曾一度被认为质量为零的中微子，实际上却拥有一个极其微小但并非为零的质量，而三种中微子可以在存活期间相互进行振荡[3]。这次发现，同样来源于对宇宙辐射中复杂信号的解码，我们得以从中揭晓这样

---

[1] μ 子，也称渺子，是一种带有一个单位负电荷、自旋数为 1/2 的基本粒子。

[2] 即 Λ 粒子，是一类由三个夸克组成的重子。

[3] 中微子振荡是一个量子力学现象，是指中微子在生成时所伴随的轻子（包括电子、渺子、τ 子）味可在之后转化成不同的味，而被测量出改变。当中微子在空间中传播时，测到中微子带有某个味的概率呈现周期性变化。

一个粒子加速器无法观测到的现象。

人工加速器和宇宙辐射之间的实验竞争已经如火如荼地进行了近 100 年，而今天的仪器配置也更为复杂。一方面，欧洲核子研究组织建成的史上最大加速器——大型强子对撞机为我们发现了下一章即将介绍的希格斯玻色子；另一方面，一些大型仪器如位于阿根廷潘帕斯草原的皮埃尔·俄歇天文台——占地面积为 3000 平方千米的巨型探测器，或南极的冰立方中微子天文台——配备了分布范围 1 立方千米的链条状光学传感器，则利用来自宇宙深处的高能粒子对天空进行探索，搜寻各种意义重大的新奇现象。时隔一个世纪，宇宙射线领域的研究依旧潜力无限。曾习惯于利用加速器进行实验的实验物理学家在近十几年里，也开始越来越多地投身于这项研究。而最早在 20 世纪 90 年代转入这一领域的实验团队，便是我当年在欧洲核子研究组织和丁肇中共事时成立的小组——当时我们正着力于 Z^0 玻色子的研究。我们从粒子物理学中的未解之谜入手，试图通过研究来自太空的信号为它们找出答案，正如我们将在后续章节中看到的那样，首先研究的便是当前宇宙学的最大谜团之一：原始反物质的消失。

26

一颗特别的粒子

粒子量杯

我们在前文中已经看到，构成宇宙的成分事实上屈指可数，而其中，能量更是可以以不同形态出现：其中之一便是不同基本粒子的质量，因此基本粒子也可以被视作盛放着巨大能量的容器。

但问题是，这些容器的尺寸，也就是不同粒子的质量，天差地别：质量最小的中微子和质量最大的顶夸克之间，相差 15 个质量单位，几乎约等于一颗精子和一个成年男人之间的差距。此外粒子的质量是固定值，但却无人知晓这些数值背后的规律。

总之，与空间、时间、能量等基本量一样，质量也在定义宇宙的性质上发挥了关键作用，但我们对此却知之甚少。在我们前文介绍过的标准模型理论的发展过程中，质量问题也一直被视作单独课题，我们需要通过实验观测才能确定每个数值——更准确地说，标准模型的理论框架，本来就是建立在"基本粒子的质量为零"这一与现实相悖的假设上。

1960 年，英国理论物理学家彼得·希格斯（Peter Higgs）在粒子质量问题上迈出了重要一步。他将质量视作真空的一个属性，而这个机制后来也将以他本人的名字命名[1]，并预测了一颗新的中性粒子——一颗角动量（自旋）为 0 的粒子。希格斯粒子会生成一个类似电场或引力场的场，其特点是为不同粒子创造质量：一颗粒子的质量越大，那么它与希格斯粒子之间的相互作用就越强烈。没错，正如各位所想的那样，希格斯场就像一个玻璃杯，可以倒进不同数量的液体，杯中液体的高度也就是不同粒子的质量是观测数据，理论无法预测。这些数值形成于宇宙诞生的最初时刻：当时真空的属性刚刚稳定，同时所有粒子和相互作用所特有的对称性也开始发生破缺。

希格斯的论文引导了一系列密集的理论研究，紧跟其后的便是高能加速器对希格斯玻色子的系统性搜寻。难点在于，希格斯的理论并没有为这颗玻色子定义质量，这意味着我们需要使用尽可能强大的粒子对撞机去寻觅它的踪迹。我还记

---

[1]　这就是希格斯机制，是一种生成质量的机制，能够使基本粒子获得质量。

得 21 世纪开始的那几年日内瓦欧洲核子研究组织内的各种讨论，当时甚至有人质疑这个机制是否切实预测了一颗真实粒子的存在。早在 20 世纪 80 年代中期，欧洲核子研究组织便已开始着手研发史上最大的粒子加速器，也就是大型强子对撞机（LHC），力求找出希格斯玻色子。这几乎是史上最大的一笔纯科研投入。两束光束中质子进行撞击时所产生的能量，将会达到惊人的 1.6 万倍质子质量。为实现这种撞击并寻觅在极少情况下才能产生的希格斯玻色子，我们用最精密的探测技术和最先进的电子设备配置了一个相当于四层楼高的实验室。参与这场国际合作中各项实验的科学家超过 5000 人，他们进行的观测跨越数十年时间，并持续至今。而辛勤的付出也取得了令人欣慰的成果：希格斯玻色子，这颗重约 133 倍质子质量的粒子，于 2012 年 6 月 22 日由欧洲核子研究组织宣布发现。次年，彼得·希格斯和比利时理论物理学家弗朗索瓦·恩格勒特（François Englert）便被授予了诺贝尔奖。

为什么希格斯玻色子的发现如此重要呢？因为它证实了基本力和基本粒子的场论，同时为大爆炸时期乃至今天的真空结构及其稳定性带来了深远影响。仅简单介绍一个例子：从希格斯玻色子的质量和最重的顶夸克质量上来看，除却目前的实验误差，可以推导出，我们宇宙的真空极有可能是一个亚稳定真空。如果我们能更准确地测量粒子质量的话，这一点便可以得到证实；同时我们也会发现，数亿年之后物理真空可能将会过渡为一个更稳定的状态。但最后一次发生这个转变的时机，正如我们在本书一开始所见，便是大爆炸！从中我们可以明白，这个发现为处于知识前沿的物理学领域带来了多么重要的进步。正如我们多次强调，我们需要认识到自己的无知，因为这世上还有许多谜团有待揭晓。真正的科学会以系统性的方式进步，一步一个脚印，重建宇宙的拼图：有时拼上一块拼图需要我们付出一个世纪的努力，例如引力波的发现；而短的也需要半个世纪之久，例如希格斯玻色子的发现；而更有甚者长达千年之久，例如日心说的确定。但每当我们实现一个目标，都能将视野开阔得更远，展现在我们眼前的精彩世界足以回馈所有辛劳的付出，也推动着我们继续前进。

27

反物质

神秘的消失

我们已经知道，宇宙起源于一个真空状态，每种可能守恒的量，能量、电荷、轻子数、重子数，无论在宇宙形成的初期还是此后的每一个发展阶段，都必须总和为零。从这一基本原理我们可以引申出一个结论：在宇宙诞生之初，物质和反物质也同样应该呈现完美的数量对称。但今天宇宙中的反物质数量却屈指可数，以至于我们不得不怀疑，除了我们每天在高能粒子撞击中制造出来的反物质以外，诞生于大爆炸期间的原始反物质是否已经完全消失。这也是当代物理学中最迷人的问题之一。在宇宙诞生的最初瞬间里，我们曾介绍过重子生成：原始反物质在一刹那间消失，与此同时，几乎所有物质也尽数转变成了能量。而幸存下来的极少物质——我指的是十亿分之一的水平——便有可能构成了物质和反物质之间神秘的不对称。而时至今日，至少在宇宙中这个属于我们的角落里，这个结果引发了由物质占据上风的全面不对称。

那么反物质又是什么呢？它就像《字谜周刊》[1]的填空游戏里有待揭晓的入侵者。环顾四周，我们已经知道我们被由电子、中子和质子组成的原子包围着，万物都沐浴在无处不在的电磁辐射下——这一切都是物质。但我们还知道另一个事实，那就是，物质有一个隐秘的对称结构，物质的反面，也就是反物质。这意味着每种粒子都有与之对应的反粒子。

反物质概念由英国著名物理学家和密码学家保罗·阿德里安·莫里斯·狄拉克（Paul Adrien Maurice Dirac）提出，他也被公认为量子力学的奠基人之一。爱因斯坦在1926年8月23日给保罗·埃伦费斯特（Paul Ehrenfest）的一封信中写道：

> 我对狄拉克有点意见。这介于天才和疯子之间的崎岖道路上的平衡简直令人难以忍受。

---

[1]《字谜周刊》（*La Settimana Enigmistica*），是一份从1932年开始发行、以字谜为主题的意大利期刊，至今已超过4600期。这种字谜游戏与数独类似，通过提示猜出单词并填写在方格内，而每个字母在不同方向都能符合要求。

1928 年狄拉克写出了一个无比优雅的方程式，在遵守量子力学和狭义相对论的前提下，描述了费米子的基本属性，并定义它们为与电子类似、自旋为半整数的粒子。这个结果堪称真正的旷世杰作，为了永远纪念这一发现，这条公式也被刻在了他位于威斯敏斯特的墓碑上。这个方程式如梦似幻，同时也引发了意想不到的后果：那就是预测了能量（或质量）为负的状态（或粒子）。一颗能量为负的粒子并不是那么容易被人们所接受，而且这样一颗粒子将无法遏制地丧失正能量，比如在辐射光子的同时，此粒子不断向着越来越低的能量值发展。这的确十分奇特。但从另一方面来说，这个方程式也涵盖了许多有趣的内容，并正确描述了费米子的特性。

为了给负能量的存在一个解释，狄拉克提出了反粒子的概念——这是物质的一种基态，特点是其所拥有的所有量子数[1]，都像电荷（例如电磁作用中的电荷）或者强相互作用中的色荷[2]一样，和与其相对的粒子完全相反，因此，二者之

---

[1] 量子数是表征微观粒子运动状态的一些特定数字。按照量子力学，表征微观粒子运动状态的某些物理量只能不连续地变化，称为"量子化"。量子数就用来确定它们所可能具有的数值。按照物理量的性质，量子数可以是整数或半整数，有的只能取正值，有的能取正值也能取负值。

[2] 色荷，是夸克与胶子的一种性质。它与视觉上的色彩无关，而仅仅是对于一种表现上几乎不超过原子核大小范围的性质的一项奇特名称。使用"（颜）色"这个词，单纯是因为色荷有三种类型，类比于三原色。

间先天趋于相互湮灭，并将大量能量以光子的形式释放出来。至于光子，则因（正反粒子相互湮灭）量子数空白而得以被任意制造，同时也能够遵守能量守恒的基本定律。

不久之后，理查德·费曼（Richard Feynman）用他那声名远扬的费曼图[1]，在数学意义上直观描述了亚原子大小的量子尺度内所发生的一切，他还和厄恩斯特·斯蒂克尔堡（Ernst Stueckelberg）一起，就反粒子状态给出了一个有趣的解读：反粒子在形式上相当于一颗在时间上倒退的粒子。

无论如何，狄拉克都用他的方程式为我们预测出了正确的事实：反粒子确实存在。1933 年他被授予诺贝尔奖，就在卡尔·戴维·安德森（Carl David Anderson）发现正电子不久之后；而后者也在 1936 年得到了瑞典皇家科学院的嘉奖。狄拉克方程式的诞生和紧随其后的实验发现，也成为"抽象推理成功预测自然基本属性"的几个著名案例之一。随后，从1932 年起，反物质的概念便开始吸引物理学家的注意力，同样的还有粒子和反粒子之间的湮灭——因为这意味着能量可以在不改变量子数为零的情况下被创造出来。

20 世纪 40 年代末，当勒梅特在乔治·伽莫夫（George

---

[1]　费曼图是理查德·费曼在处理量子场论时提出的一种形象化的方法，描述粒子之间的相互作用，直观地表示粒子散射、反应和转化等过程。

Gamow）和拉尔夫·阿尔弗（Ralph Alpher）的研究基础上发展出大爆炸理论时，（正反粒子相互湮灭）这个属性便开始变得越来越重要。人们开始研究宇宙诞生的最初阶段在物理学意义上究竟是怎样的。无论这个初始时刻何等复杂，它都可以被拆解为一系列遵守基本量守恒定律的基本相互作用。因此如果在大爆炸之前什么都不存在，那也就意味着那是一个堪比真空的状态。那么在最初的爆炸之后，它也不能改变在基本相互作用中守恒的量（能量、电荷、重子数等）的数值总和。基本反粒子，正好拥有与粒子相同的质量和与之相反的量子数，完美遵循了这些条件；也正是因为这样，粒子和反粒子的数量在大爆炸之后的每一瞬间里都相等。

在了解了这一切之后，我们骤然意识到，人类生活的世界，只是这个被物质所主宰的宇宙一隅，我们对它的实际规模却一无所知。我们能够通过粒子碰撞产生的相对能量，甚至可以通过形态复杂、相对较重的抗核，创造出反物质，但在这样一个由物质统治的世界里，可想而知，这些抗核的"存活希望"微乎其微。宇宙观测给我们指出了一些初步迹象：反物质的存量在所有尺度上都可谓微乎其微，甚至为零，而这正是个巨大的谜团。因为在宇宙诞生之初，以反夸克和反轻子形式存在的反物质，曾经和物质一样数目庞大。

不过别忘了，我们对反物质的搜寻不仅限于地球，也包括太空。地球上的反物质会定期产生于实验室的真空室——
这是为了防止它与物质进行相互作用并湮灭。欧洲核子研究
组织能够创造出数量惊人的高能反物质粒子，正如鲁比亚和
范德梅尔曾经在研究中所做的那样。同样可以被制造出来的
还有反氢原子：它由一颗反质子与一颗正电子组成。我们能
够在适当的磁场里将它们捕获，并研究它们的特性。直至目
前为止，在百亿分之一的精度范围内，这些反原子与它们所
对应的物质性质完全吻合。就实验角度而言，物质和反物质
的不对称性谜团依然有待解决。

相反，在太空中我们又能做些什么呢？远距离观测能够
帮助我们确定反物质结构的存在吗？我们对宇宙的研究，主
要通过各个光源所发射出的频率不一的光线：从气体和分子
云这类极寒物体发射的无线电波，到剧烈核爆炸发出的 γ 射
线，再到可见光、红外线、紫外线，直至由高温恒星和天体
发出的 X 射线。由于反物质和物质的属性在电磁学上是相同
的，所以我们永远无法通过简单的射线分析去确定它的光源
究竟是恒星还是反恒星[1]。我们不得不像圣托马斯[2]所做过的

---

[1]　由反物质组成的恒星。
[2]　圣托马斯是耶稣的十二门徒之一。根据约翰福音记载，耶稣死后三日复活，
而圣托马斯不相信人死可以复生，他坚持说："除非我亲眼看见他，亲手摸到他
手掌上的钉痕，再摸摸他的肋旁，否则，我决不信！"

那样，通过触摸来确认，或者更准确地说，我们应该在宇宙射线中寻找任何可能的蛛丝马迹——那些可能诞生于某颗反恒星内部核聚变反应，并有幸抵达地球的反核痕迹。

你们觉得这是个简单的任务吗？好吧，事实上这就像在纽约的一场暴雨里，从万千雨滴中分辨出一滴混杂其中的墨水一样。我们迄今为止所获取的数据，还无法对反物质的消失做出明确解释，但它们确实帮助我们收获了科学意义上所谓的上极限。这也就意味着，它们的确存在，只是小于某个数量。以我们目前的水平，在宇宙射线的每 1000 万个氦核中只能捕捉到不足 1 个反氦；反过来说，只要对一定数量的反氦进行精确观测，那么我们便可以证实反物质大量存在，因为只有像反恒星内部的核聚变反应这类活动，才有可能制造出如反氦或其他更重的反核。这个发现将具有划时代的意义，因为它将揭秘那少数几个与元素周期表不符、"电荷有误"的原子核。

正是这个想法，推动我在 1993 年参与了占据我科研生涯整整 25 年的项目：AMS[1]——国际空间站用于探测反物质的仪器。我们将在下一章中讲述它的故事。

----

[1] 即阿尔法磁谱仪（Alpha Magnetic Spectrometer）。

28

搜寻太空反物质

前沿科学

1993 年夏，日内瓦，欧洲核子研究组织，丁肇中实验室。丁肇中因发现 J/ψ 介子而荣获 1976 年诺贝尔奖，也是我们此前介绍过的著名的"11 月革命"的主角之一。我在毕业之后，也就是 20 世纪 80 年代初，决定离开丁肇中的研究团队转而参加另外两个项目。这两个项目各有千秋：第一个是 UA2，它发现了中间玻色子 Z^0——这个项目最终为鲁比亚和范德梅尔赢得了 1984 年诺贝尔奖；而另外一个则是美国 SLAC（Stanford Linear Accelerator Center，斯坦福直线加速器中心）的 SLD（Stanford Large Detector，斯坦福大型探测器）项目，我们在这里通过改进现有加速器，尝试制造大量新的 Z^0 玻色子，并希望赶在当时欧洲核子研究组织的粒子加速器 LEP（Large Electron-Positron Collider，大型正负电子对撞机）之前达成目标。

在前沿研究领域，决定研究方向就像在一级方程式比赛中超车，结果时好时坏。参加 UA2 的决定从结果上来看相当成功，但美国的项目就一言难尽了：因为 SLAC 加速器的改造耗时耗力，一直到 20 世纪 80 年代末欧洲核子研究组织的 LEP 开始运行之后才完成。

结束了那十年的研究之后，我再次得到机会与丁肇中合作。而他在这段时间里，组建了一个大型研究团队，即 L3 合作组，并完成了 LEP 四个实验中最为大型的一个。他邀请我主持开发一台新型硅物质探测器。这台超精密仪器的开发，耗费了我随后的整整四年时间。到了 1993 年，丁肇中在 LEP 的实验已经进入了稳定阶段：只需记录数据直到 2000 年，无须进行任何实质性改动。因此他便开始寻觅新的想法和挑战。正是在此期间，他准备成立一个超级研究合作组，目的是利用美国当时正在建设的新型超级加速器——超导超级对撞机（Superconducting Super Collider，SSC）完成一个超大型实验。但事情的进展并不顺利：1993 年秋，SSC 计划被美国国会取消。丁肇中还向欧洲核子研究组织提出过建立一台新型大型强子对撞机（LHC）的计划，用于寻找希格斯玻色子，而这个提案，被时任欧洲核子研究组织负责人的新晋诺贝尔奖得主卡洛·鲁比亚否决了。

　　粒子物理学领域的实验需要漫长的规划。首先要向出资机构上交一份科研提案，随后需要成立一个合作组，也就是一个由研究人员和工程师组成的科研团队，多的时候甚至有上千人。他们的任务，便是将实验所需的精密仪器化为现实。仪器的搭建、粒子加速器的校正和实验的实施，显然是一项无比复杂的任务：科研人员需要将长达数十千米的线路一一连接，将成千上万台的电子仪器梳理摆放好，以便从各类信号和电脑计算中获取数据，并进行分析。这就是为什么通常实验筹备工作需要在数据采集和分析之前 5～7 年便开始的原因。伽利略之所以能够在比萨大教堂里进行观察并得出单摆运动原理[1]，首先依赖的便是教堂的存在。否则他就无法进行独立研究，而他科研生涯中的部分实验也将无法进行。如果不想浪费 L3 合作计划带来的宝贵财富，其中也包括约 600 位紧密合作数十载的优秀研究人员，那么我们就必须抓紧时间，规划一个振奋人心的全新科研项目。于是 1993 年夏天，我们的工作组便迅速将目标从粒子物理学转移到了粒子天体物理

---

[1]　伽利略在比萨大学学医时曾有一次在比萨教堂里做礼拜，悬挂在天花板上的一盏吊灯吸引了他的注意。吊灯在微风吹拂下来回不停地摆动着。敏锐的伽利略后来又发现，随着时间的逐渐流逝，吊灯摆动的幅度也在慢慢缩小，但摆动一次所需要的时间似乎并没有改变。于是，伽利略按住自己的脉搏粗略计算了一下，结果证实了他的直觉。随后，通过一系列研究摆动规律的实验，他最终发现：只要吊绳的长度不变，无论物体重量、摆动幅度怎样变化，完成一次摆动所需要的时间都是相同的。这便是人类精确计时的开端——单摆等时性原理。

学，从地球物理转向了太空物理。

当时，许多在今天已经稳步发展的基础研究领域都还处于起步阶段。一开始，我们决定着力于地球和太空的高能 γ 射线研究，但我们都明白，天体物理学和基础物理之间差着十万八千里。而还在依赖激光干涉仪进行数据收集的引力波研究，也还远没能取得什么显著成果，就更别提推动它发展需要的先进技术了。于是最后，我们将目光投向了宇宙射线领域的反物质研究，这一目标可谓野心勃勃又极具魅力，同时也和我们的研究领域完美契合。

正如我们在前一章所述，据我们所熟知的自然法则，物质和反物质是对称的，但同时，物质和反物质又无法在不相互摧残的情况下和平共存。地球上的少量反物质，或自然形成于放射性衰变[1]，或产生于宇宙射线和大气层的相互作用，它们（的成分）通常以正电子为主，同时也包括了少量反质子和如正 μ 子和带电 π 介子等一系列不稳定粒子。医院所用的正电子发射断层成像（PET, Positron Electron Tomography）[2]，便是利用

---

[1] 放射性衰变是指某元素的放射性同位素从不稳定的原子核自发地放出射线（如 α 射线、β 射线、γ 射线等）而衰变形成另一种同位素（衰变产物）的现象。衰变时放出的能量称为衰变能量。

[2] 原著此处原文为 Positron Electron Tomography，疑为 Positron Emission Tomography 的误写。——编者注

了反物质，也就是放射性同位素放出的正电子，只有这样，才能显示活体组织分子图像，并将某些类型的肿瘤照射成像。

而太空中的情况则截然不同。反物质的基本粒子通常存在于宇宙射线中，它们能够长期存活和移动。星际之间的物质平均密度极低，每立方厘米大约只有一颗氢原子。而我们知道，宇宙射线中存在着在星际物质进行随机碰撞之际诞生的一小部分反粒子：这指的是正电子总量的 1/200，以及反质子总量的万分之一。而反中子则和中子一样不稳定，只能存活几分钟。当时新团队的目标是建造一台在太空中的粒子探测器，能够分析流动的宇宙射线，尝试搜寻百亿分之一级别的超稀有成分。而反氦 −4 等重型反粒子的发现，则完全超出预期，因为通常它们只会诞生于反恒星体内进行的核合成中。

这次实验被冠名为阿尔法磁谱仪。这是为了呼应当时还被称作阿尔法、尚未成型的国际空间站[1]。随后，欧洲核子研究组织和麻省理工学院召开了无数会议，实验细节也被逐渐确定了下来。

当时的想法是改造在地球研究中所使用的加速器技术，

---

[1] 国际空间站最初提议的名字是"阿尔法空间站"，但是遭到俄罗斯的反对，理由是此名字暗示国际空间站是人类历史上第一个空间站，而苏联及后来的俄罗斯在此之前曾先后成功地运行过八个空间站。虽然今天国际空间站的命名没有采用最初提出的阿尔法空间站，但是空间站的无线电呼号却保留为"阿尔法"。

以便适用于太空探索。想要搜寻反物质，一个基本的判定标准便是电荷，因为粒子和反粒子的电荷相反。为此，我们用磁铁和示踪探测器对实验中每条宇宙射线的轨迹曲率进行跟踪。这对我们所有人来说都是一个全新的挑战，我们要让向来在地面工作的基本粒子探测器适应航天飞机的发射和在太空运行。鉴于许多方面还尚未明确，所以我们也留有备选方案。例如我们设想了两种类型的示踪探测器：一种是由麻省理工学院提出的传统方案，一个灌满气体的巨型探测器，它虽然能够测量许多方位，但每个位置的精准度却极为有限；而我所属的位于意大利佩鲁贾的国家核物理研究院（INFN）的团队，则在 LEP 实验和几个硅探测器的开发基础上，提出了一个能够精准测量各个位置的方案。一系列核查证实，我们的方案显然更适用于太空，因此我们的项目也顺利获得批准。这将成为第一台运行于地球之外的大型硅探测器。阿尔法磁谱仪提案一通过，我们便立刻向美国国家航空和航天局、意大利国家核物理研究院、意大利航天局以及各大科研机构和各国航天部门提交了提案。时任美国国家航空和航天局局长的丹尼尔·戈尔丁（Daniel Goldin）对这个计划充满了兴趣，为我们批准了一次航天试飞，计划于 1998 年成行。

　　而当时已经是 1994 年，我们只剩不到四年的准备时间了！

　　对于我们这样一个虽然在粒子探测器开发上熟练资深，

但对太空探索领域却毫无经验的团队来说，这简直是个不可能完成的任务。戈尔丁为我们提供了一支由美国国家航空和航天局和洛克希德·马丁公司（Lockheed Martin）的工程师组成的优秀团队，他们的支持起到了决定性作用。那是令人难忘的四年：惊人的工作强度以及前所未见的激情。无论是从科研目标还是从科技发展上来看，我们都正在进入一个全新的世界。1998 年 6 月 2 日，AMS-01，即阿尔法磁谱仪的测试版，随着"发现号"航天飞机成功执行了 STS-91 任务，并顺利在轨道上运行了 9 天；其间，它采集到数以亿计的宇宙射线资料，并证实了反氦的数量低于百万分之一。

AMS-01 的成功推动我们实现了最终版本 AMS-02——它的数据采集能力提升了一万倍，并将在国际空间站持续运行 3 年。然而 1998 年的我们并没能预知发生在 2003 年的"哥伦比亚号"航天飞机灾难：它在重返大气层时解体，事故造成了机上 7 位宇航员死亡。在此之后等待了整整 13 年，我们才迎来了 AMS-02 的发射。那是一段艰难的时期。2003 年在"哥伦比亚号"事故调查委员会的要求下，美国国家航空和航天局将国际空间站的任务数量减至最低，也将 AMS-02 从航天任务中取消。我们瞬间陷入了尴尬的境地：耗费心血建造出来的探测器，将永无用武之地。

当时我成为 AMS-02 的副发言人。我和丁肇中一起，在美国国会组织了一场系统性游说[1]活动，试图重启我们的项目。这次机会极具教育意义，它让我们亲身体验了美国政治系统究竟是如何运作的。在与关心此议题的主要民主党及共和党参众议员会面之后，我被他们对这个议题的认知和关注，以及对我们表示出的尊重所震惊：对他们而言，太空、科学探索以及国际合作，是值得两党共同支持的议题，无须任何虚假无用的理念斗争。这一决定最终顺利实现：美国国家航空和航天局新任局长迈克尔·格里芬（Michael Griffin）收到了国会的明确指示，将 AMS-02 重新纳入航天计划。

按照原计划，AMS-02 将每三年返回地球一次，进行液氦补给，以便激活我们正在开发中的新型超导磁铁；而新计划则有所不同，我们的仪器将被放置在国际空间站里，不再返回。这使得我们决定，重新用回曾在 AMS-01 上成功运转的永久磁铁。2011 年 5 月 19 日，AMS-02 随着 "奋进号" 航天飞机的最后一次任务 STS124 成功发射。乘坐这架航天飞机的还有一位意大利宇航员罗伯托·维托里（Roberto Vittori），他将负责操纵国际空间站的机械臂，巧妙地将 AMS-02 安装在国际空间站的主体结构上；而在空间站里，将有另一位意大利宇航员保罗·内斯波利（Paolo Nespoli）与他接应，而这也是他首次执行长期飞行任务。八年后，AMS-02 采集到了近 1500 亿条宇

---

[1] 在这里，游说是指尝试影响立法人员或立法机构成员的政治决定或行为。

宙射线数据，以前所未有的细致程度，对这片从宇宙深处射向地球的粒子雨进行了研究。我们发现，宇宙射线的特性带来的相关影响简直数不胜数。而关于反物质，我们则意外发现了数量过剩的高能正电子，它们形成了一个约等于 400 个质子质量的峰值，至于其源头，目前依然未知。这可能是一个此前从未被观测到的天体物理现象（由脉冲星产生的正电子），也可能是某个与暗物质相关的大质量粒子发射的间接信号。至于反核物质，我们则探测到了 8 个可能的反氦事件——6 个反氦 -3、2 个反氦 -4：它们每一个都罕见，差不多每一亿个氦核中才会出现两个反氦事件。

正如我们此前探讨过的那样，对少量反氦 -4 那毫无争议的观测结果，将对我们理解宇宙产生深远影响。这就是为什么这些事件尚未在任何科学期刊上发表。AMS-02 的科研团队对它们进行了仔细研究，希望了解这是否有可能成为某些未解之谜的源头。就像卡尔·萨根所说，"非凡的结论需要佐以非凡的证据"[1]。那就让我们拭目以待吧。

---

[1] 这就是萨根标准。1980 年萨根在美国电视节目《宇宙》（Cosmos）上说出这句话。非凡的主张，指的是不为既有的证据，也就是"平常的"证据所支持的主张。因此对于这类主张，必须有新观测到的证据来支持，不然就要有对既有证据的重新诠释，而这就是"非凡的证据"。

29

新的地球，新的曙光

在火星上度过余生

在前几章中，我们见识了宇宙之浩瀚，它在时间和空间上延伸到了渺小的人类历史——更别提微不足道的个体存在——难以想象的程度。面对这一现实，我们可能会感到惊讶、钦佩、畏惧。但无论如何，无法分辨自己是否孤身存在于这宇宙的无知，或者说，对自身界限不可避免的感知，并不会阻碍我们对进步的渴望，抑制我们对未知的追求。相反，恰恰是对自我极限的认知，才是推动探索的最强燃料。克里斯托弗·哥伦布带着他那可能错误的预判，扬帆启航，前去寻找通向印度最近的路线，最后发现了美洲；而我们这个时代最富有远见的挑战之一，则是抵达并殖民其他星球。

讲起"远见"二字，不得不提到一位伟大的俄罗斯工程师、科学家康斯坦丁·齐奥尔科夫斯基（Konstantin

Tsiolkovsky）。这位生于 19 世纪下半叶的航天领域先驱认为，"地球是人类文明的摇篮，但人不能永远活在摇篮里"。显然，这句话说出了部分事实。但问题是时间、科技和机遇。1957 年，也就是齐奥尔科夫斯基 100 周年诞辰之际，"斯普特尼克 1 号"[1] 发射升空；人类由此飞越了大气层，初次面对太空。此后，美国和苏联之间不断加速的太空竞赛以及持续更新的科技发展，终于在"斯普特尼克 1 号"发射 12 年之后的 1969 年，将人类带上了月球。

阿波罗计划始于 1961 年。这个计划持续了 11 年，共成功执行了 6 次登月任务，而其中一次，即"阿波罗 13 号"，因一场发生在月球附近的灾难性爆炸而终止，但执行那次任务的宇航员却都奇迹般地安全返回了地球。我们并没有止步于月球：阿波罗计划之后，超级大国的野心产生了改变。他们着眼于在近地轨道[2]建立越来越复杂的空间站和实验室，直到 2000 年国际空间站的诞生，才彻底实现了美国、俄罗斯、欧洲、日本和加拿大之间的合作。

与此同时，新的太空探索强国也逐渐崭露头角。如印度，尤其是中国——他们独立研发了一系列雄心勃勃的计

---

[1]　斯普特尼克 1 号是第一颗进入行星轨道的人造卫星。
[2]　近地轨道又称低地轨道，是指航天器距离地面高度较低的轨道。一般高度在 2000 千米以下的近圆形轨道都可以称之为近地轨道。

划，其中也包括载人航天任务。虽然目前他们还只是在近地
轨道建立空间站，但相信不久后势必剑指月球。而我作为意
大利航天局局长，也曾多次前往世界各地，和各国空间机构
负责人进行会晤，共同探讨人类空间探测的前景。而在 2017
年，我们筹备了一个探索火星的计划。宇航员查尔斯·博尔
登（Charles Bolden），曾做了八年的美国国家航空和航天局局
长，多年来孜孜不倦地推进着一个全球计划，试图邀请世界
所有太空探索强国包括中国、印度在内，一起合作。但随后
特朗普的上任，中止了这场太空探索领域的多边主义。在太
空探索的商业化和军事化陷入瓶颈后，美国国家航空和航天
局的目标是重返月球，建立一个月球门户[1]，用作对接载人飞
行、登月任务和探月机器人的基站。这个方案目前仍在计划
中，预计不会早于 2030 年实现——尽管曾经来自特朗普的政
治压力已经努力使这个日期提前。总而言之，距离阿姆斯特
朗在月球上迈出的那历史性一步，已经过去了大约 60 年，而
我们，依然还在出发点附近徘徊。

那么其他星球呢？我们可以说，火星登陆指日可待。太

---

[1]　月球门户是美国国家航空和航天局（NASA）计划中于 2020 年代建造的空
间站。该空间站将用于计划中的深太空运输（设想中使用电推进及化学推进且可
重复使用的载人载具），并预计将类似国际空间站，以商业及国际合作的形式建
造、运行和服务，成为第一艘对月表和火星进行无人、有人探测的一艘纯星际飞
船。——编者注

空探索领域的国际合作战略严重受到政治局势的影响，这一切都取决于参与其中的超级大国间的关系。不过幸运的是，另外一些闪耀新星正在逐渐升起。今天，还有其他角色可以参与这个领域的探索，那就是富可敌国的私人企业家，他们渴望将自己依赖新兴经济的全球企业所积累的财富，投入到太空探索中去。

　　传奇的SpaceX（美国太空探索技术公司）创始人埃隆·马斯克（Elon Musk），无疑是他们之中的佼佼者。他的目标很明确，那就是在火星上度过余生。我曾多次前往他位于美国旧金山南部的霍索恩（Hawthorne）、距国际机场不远处的太空公司总部，与他及其团队会面。每一次探讨都称得上独一无二，因为这位出生于南非的美国发明家和企业家，每次都能为我们带来他新鲜出炉的创意：它们要么是当下焦点，要么将在随后引爆全球话题。SpaceX的总部位于一栋工业厂房内，里面完整囊括了火箭制造的所有流程：设计，研发，组装。SpaceX的超过6000名员工中的大部分人都在此工作。在主入口前，上方50米处，悬挂着具有历史意义的"猎鹰9号"（Falcon-9）第一级助推器，它在2015年12月21日被第一次成功回收。（我们随后将对此进行介绍）SpaceX的诞生，就像马斯克的其他产业一样，并非出于偶然。马斯克用自己的想法和能力，不仅掌控着全局，也精准把控着细节。

让我们从厂房的结构开始介绍。整座厂房是一个巨大的平行四边形，我们可以从字面上如此理解其中的生产流程：进去的是金属片，出来的是火箭。这些火箭随时准备被送往分散于全美的三个发射场：位于佛罗里达的肯尼迪角和卡纳维拉尔角，以及位于加利福尼亚的范登堡。相比其他为美国国家航空和航天局或欧洲航天局［前者有超环面仪器（ATLAS）、航天飞机（Shuttle）、空间发射系统（SLS），后者有阿丽亚娜运载火箭（Ariane）和织女星运载火箭（Vega）］提供火箭制造业务的同类型企业的零散性，这个独特的组织结构显然表现出了巨大的竞争优势。

造成这一差距的原因显而易见：一个洲际大小的公共航天公司，必须将自己的生产活动分布在（其所附属的）国土范围内，以回馈国家为其项目研发投入的资金支持。但这一切都降低了生产效率，同时也增加了开销。

SpaceX 的空间组织极具实用性：厂房的前半部分是一个大型开放空间，数百位工程师和行政人员在这里工作。马斯克的个人办公室也位于这片公共区域，仅比别人的略大一些。这片区域的正中央是几个会议室。整个空间宽敞、沉稳、安静，到处被员工、电脑和键盘所填满。

一堵绵延的长墙，分隔了这片区域与生产车间。车间的正门位于某根支撑着"猎鹰9号"的巨型支柱下面，这个巨型入口的设计极具震撼力。你一抬头便可以欣赏到一架悬挂于天花板上的"龙"飞船：它周身布满烧焦痕迹，是成功从太空返航的最初几个版本之一。它的右侧是一个控制室，工作人员在这里对发射过程进行监控，这里也因为马斯克的网络直播而举世闻名。乘坐电梯进入上方楼层后，可以看见一大片玻璃围成的展览区，里面摆放着一系列塑料模特，它们身上穿着好莱坞电影中出现过的航天服，以及为首批 SpaceX 宇航员准备的最新航天服：宇航员们正是穿着它，驾驶着龙飞船，将美国国家航空和航天局、欧洲航天局的科研团队甚至某些私人组织带上太空。餐厅和咖啡吧每天 24 小时免费开放，内部没有任何隔断，座位沿着整道墙壁伸展开来。厂房内每个功能区域之间不存在任何分隔。这就像一个蚁穴，而美国社会特有的多元化正体现在这群衣着随意的工作人员身上，他们在各个位置工作、讨论、会面，高加索人、亚洲人、非洲人等各色面孔混杂其中，应有尽有。

　　而且每次我来 SpaceX，都会发现他们的空间布置发生了新的改变。例如，当他们顺利回收返回地球的"猎鹰 9 号"第一级助推器后，便开辟了一个全新部门：他们在那里对液氧驱动的默林火箭发动机[1]进行维护，以便对它们进行回收

---

[1]　默林火箭发动机，是 SpaceX 研发的液氧煤油火箭发动机，用于"猎鹰 1 号"、"猎鹰 9 号"和猎鹰重型运载火箭。

再利用。两年前这部门还不存在，今天却已经成为整条生产线上的固定环节。同样的还有对第一级助推器的再利用，这对火箭支撑结构的完整性有着细致的要求。在记录"猎鹰9号"和猎鹰重型运载火箭（Falcon Heavy，FH）成功发射和回收的精彩照片中，我们能看到火箭主体结构上的污垢和褪色痕迹。这并非偶然，这些痕迹正是火箭回收再利用的证明，因此它们从太空返航之后也无须二次上色！

在火箭加工的不同流程里，我们可以看到从火箭发动机到机身的各个部分。3D 打印机负责打印发动机的零件和火箭鼻锥：火箭鼻锥由两个罩壳组成，它们负责在火箭冲出大气层之际对机体进行保护。整个生产车间内没有嘈杂的噪音，只有机器运作的轻微声响；没有任何人在浪费时间，一切都严格遵循着某个隐形却高效的计划前进。

随着我们逐渐向厂房的尽头移动，火箭发动机的轮廓也逐渐浮现。一个接一个的巨型圆柱体横向摆放着，仿佛置身于汽车工厂，不过二者之间有着两个根本不同：在这里，你几乎看不到工业自动化，一切都依赖于成百上千位技术人员和工程师的手动调试；此外，"猎鹰9号"的各级，长度从20米至50米不等，通常可以在一周内完成搭建。我曾见过这里的生产规划负责人，一个在欧洲汽车行业工作多年的英国人，他曾在生产线上为我们输送了无数辆汽车。他向我介绍，自已是如何指挥了 30 架"猎鹰 9 号"的生产流程，并闪烁着激动的目光悄悄对我说，他还可以轻松将生产效率提升十倍。

但这可能并不会发生。倒不是因为客源短缺，而是出于我们前面介绍过的，SpaceX 为火箭制造行业带来的革新。直至 2015 年 12 月 21 日，火箭发动机的使用还和中国人当初发明它们时"如出一辙"（指用后即弃）：中国人发明了火药，早在 13 世纪就将固体推进剂（火药）用于军事中的火箭以及发射迷人的烟花。火箭，基本上就是一个被燃料填满的筒体，腾空时燃料的燃烧同样也将摧毁火箭机身。产生推进力的必要因素，即固体推进剂[1]的燃烧，其引发的猛烈化学反应会损耗火箭的外壳，并在很大程度上使它无法再次使用。此外，火箭各级从大气层较高区域返回地球表面时，也大多呈现出了灾难性的表现：它们惊人的重量，使降落伞的存在失去了意义。而 1930 年由美国和德国构思、由纳粹为应用于韦恩赫尔·冯·布劳恩（Wernher von Braun）的 V2 火箭[2]上而初次进行批量生产的液体火箭推进剂，则为这一切带来了一个截然不同的解决方案。

---

[1] 即装药，或推进药、发射药，是储存在容器内用以推动弹射体的推进剂。
[2] V2 火箭是指德国在第二次世界大战中研制的一种长程弹道导弹，也是世界上最早投入实战使用的弹道导弹，其目的在于从欧洲大陆直接准确地打击英国本土目标。

液体火箭推进剂通过液体产生的推进力，使来自一个特质燃烧室内的两种不同成分相互作用；和固体推进剂不同，这一系列反应并不会影响火箭机身。优势显而易见：火箭第一级助推器的结构部件不会在升空阶段受到损坏。此外，就像推进力能够将火箭推至高速并为卫星提供足够速度将它们送入轨道一样，引擎也可以阻止火箭坠落并带它安全返回地球。

以上就是新方案的主要内容。

然而事实是，当时没人真正相信这一切。虽然听起来的确不可思议，但没有任何人认真看待过这一想法，这也就是为什么一直以来，火箭发动机被使用以后便立刻被丢弃——简直疯狂，这就像我们每次飞越大西洋就要重新造一架新飞机似的。如此一来机票何止人均 500 美元，指不定要贵上千倍都不止。

但埃隆·马斯克出现了。仅用了几年时间，在一系列远近闻名的失败尝试之后，在 2015 年 12 月 21 日，他便大胆向世界宣告，并初次展示了一架"猎鹰 9 号"火箭的第一级助推器——它刚刚成功降落于一个海上平台之上。这个日期之所以意义非凡，还有另外一个原因。2014 年 12 月，欧洲航天局在卢森堡召开了一次重要的部长级会议：这次会议标志着欧洲国家在火箭制造和商业化使用上的根本性变革。在一系列漫长烦琐的讨论之后，会议决定，欧洲火箭系统必须进行更新，同时对现有的阿丽亚娜 5 型运载火箭（Ariane 5）和织女星运载火箭（Vega）进行加强升级。与此同时，欧洲航天局的来自各个参与国的投资，将被限制在基础设施的建设上使用，而火箭商业化之后的一系列经营活动，则将移交给私人企业。这一改革显然是为了抗衡 SpaceX 和行业的其他私人参与者所带来的强力竞争。我作为意大利航天局局长也参加了会议，而在这些数不胜数的前期讨论中，我清楚地记得，当时没有任何一位法国、意大利或是德国专家称赞过 SpaceX 为回收火箭第一级助推器所做的努力。这就是为什么"猎鹰 9 号"在此次会议召开仅一年后便取得了成功，就像给欧洲航天界脸上浇了一盆冷水。而今天这个技术已然成熟，无论在陆地发射场还是海上平台，他们都井然有序地进行着火箭第一级助推器的回收。这一切同样也为工业活动带来了深远影响：它不仅降低了探索太空的费用，更减少了每年新制造的火箭数量！可能也并非偶然，在此之后，SpaceX 便在其事业巅峰之际，于 2018 年底裁员了 10%，也就是将近 600 名员工。

正如我们在本章开头所介绍的那样，SpaceX 只是马斯克长期战略的第一步，他真正的野心，是殖民火星。

为了面对这样一种挑战，除了坚定的决心和顶级的设备，还需要数量惊人的科技仪器；而火箭，只不过是其中一环，尽管是最为关键的环节之一。早在几年前，马斯克便开启了猎鹰重型运载火箭的制造：这是一架拥有 27 个发动机的火箭，它拥有 3 台"猎鹰 9 号"第一级助推器。"猎鹰 9 号"能够向火星运送重达 4 吨的货物，而猎鹰重型运载火箭的载重量更是高达 16 吨。但近年来，自从实现回收第一级火箭助推器开始，马斯克又再次改变了自己的战略：既然殖民火星意味着需要带一队装备齐全的殖民者去火星上建造必要的基础设施，那么他便需要一架更加强大，有能力荷载 100 吨货物飞向这颗红色星球的火箭。而这，就是由 31 台新型强力发动机——猛禽火箭发动机所驱动的 BFR 超级火箭（Big Falcon Rocket，BFR）。

但值得一提的是，经济便捷的技术却并不能完成传统的工作目标。脱离地面，事实上需要用到大量燃料。回想一下"阿波罗 11 号"的指挥舱和登月舱，二者合计重达 45 吨；而将它们送上天的是质量为 3000 吨的"土星 5 号"运载火箭。

马斯克的计划则大相径庭。BFR 超级火箭进入低地球轨道后，便会停留在轨道上，通过其他往来于地球和轨道之间的辅助火箭进行燃料的在轨加注。燃料箱"加满"之后，它便可以携带质量远超"阿波罗 11 号"荷载数的货物，飞向火星。而当它在这颗火红星球上着陆时，则将应用到此前为"猎鹰 9 号"开发的刹车降落技术；返航时，它则需要先在火星表面大气层中提取二氧化碳以及地下水冰中的氢，进行燃料合成，后面的流程都和来程一致。SpaceX 团队如同哥伦布船队的船员一样，为了这场冒险竭尽全力，唯一的不同在于，SpaceX 的工程师都是自由选择加入的，所以每个人都干劲十足。想要挑战科技的巅峰和人类的极限，就必须对科研进步充满信心甚至信仰；不过，一旦接受了这些全新的概念，那么很多东西也将变得寻常。

　　但从另一方面来说，在火星建立殖民地，总归是件复杂的事情。首先需要找到一个适合安营扎寨的位置，一个能够让我们触及地下冰并提取氢的地方。此外我们还需要一定数量的能量，以便从大气和水中提取元素制造出甲烷和氧气，合成燃料。但现在我们还没能摸清如何得到这些能量。火星上的太阳常数[1]比地球上的低 40%。雪上加霜的是，火星上还会形成周期性的沙尘暴，严重的时候甚至能肆虐整个星球，并将阳光彻底隔绝在外，时间长达几周甚至几个月。而解决这类问题的唯一方法，恐怕也就只有核反应堆的使用了。

　　一个适宜人类居住的殖民地，基础设施的建设是必要工程：如果没有它们保护人类免受太阳和宇宙辐射的侵害，那么将没有任何人能够长久存活。但问题是，目前我

---

[1]　太阳常数，是太阳电磁辐射的通量，也就是距离太阳 1 天文单位处（约为地球离太阳的平均距离），垂直于太阳光线的单位面积上所接收到的太阳辐射通量值。

们的智能机器人还不能在无人类干预的情况下，实现这种工作。即使是美国国家航空和航天局的喷气推进实验室（NASA-JPL）开发出的那几只精巧绝伦的火星探测器——"勇气号"（Spirit）、"好奇号"（Curiosity）和"机遇号"（Opportunity）——也无法完成马斯克脑海里构思的那种场景。此外，它们的行进速度也相当缓慢：从登陆火星起至今已经过去14年，但"机遇号"探测器也才走过了大约50千米的路程——差不多每年3千米多一点！于是在我们的面前，出现了母鸡和蛋的悖论：为了建立殖民地，我们需要只有人类（在场）才能正确指挥的机器人，因此我们要先建立火星殖民地！简直遍地都是问题。与此同时，我参加了SpaceX组织的数次闭门会议，与会的不仅有来自美国国家航空和航天局及其他国际航天机构的专家们，还有许多私人企业的代表和行星科学专家。毫无疑问，大家都从中受益匪浅。例如，我终于了解到为什么活跃于建筑领域的美国卡特彼勒公司（Caterpillar）每次都能受邀参会：因为大量天然矿产已经交由机器人进行开采，只需要几个工作人员对它们进行操控。在地球上，机器人已经开始参与工地建设，但这是建立在物理位置相近的人机互动之上。那么我们是否可以建设一个空间站，并将其送入环火星轨道呢？这样人类可以在这里远程操控火星上的机器人进行工作并等待殖民大部队的到来，同时对这些由机器人建立的村寨进行管理。

最后，我们还要面对冰的问题：这是进行燃料合成的必要成分，同时也是殖民者赖以生存的原始物质。值得一提的是，世界上研究火星水源最好的专家，正是我们意大利人。2003 年，欧洲航天局发射了一颗卫星——"火星快车号"（Mars Express），卫星上同时携带了一颗探测雷达 MARSIS，在它的内部精妙地包裹了三层天线：两段长度为 20 米，一段长度为 7 米。雷达 MARSIS 是已故的乔瓦尼·皮卡尔迪（Giovanni Picardi）教授和他来自罗马大学的团队的杰作。它的雷达天线能够通过 X 射线摄影对地下进行探测，进行液态水和固态水搜寻。2018 年他们在火星的南极区域地表下约 1.5 公里的位置，发现了地下湖泊。这组雷达同样也能够灵敏地探测出固态水源，MARSIS 可以对火星表面的大范围区域进行定位，并对冰川移动所形成的独特凹凸位置进行标注。这些冰通常会被一层薄薄的土壤覆盖，也正是这层土壤，避免了它们在火星稀薄的大气层里升华。未来，可能正是由这群意大利科学家来为我们明确哪里才是适合 BFR 超级火箭着陆的地点。

每次和 SpaceX 的工程师交谈，他们都会给我留下相同的印象，每个人都对科技了如指掌，为了优化应用程序，他们甚至能够重新设计一颗螺钉或螺栓的外形，并赋予它们全新的功能。他们不怕出错，他们对此毫不在乎，他们只会钻研探究直至尽头。毫无疑问，大家相互间的职业关系极为严峻，充满竞争。在这样一个环境下，每个人都怀着切实的目标，因此团队的组建和解散都能在短时间内完成。这一切也展现了美国在科技和太空领域所拥有的巨大人才市场：一旦出现新的商机，那么这些极具竞争力的资源便会汇聚一堂，共同作业。

我意外结识了汤姆·米勒（Tom Mueller），SpaceX 的第一名员工。他出生于美国爱达荷州，他的父亲是一名伐木工，而他曾经也注定要子承父业。但他从小便对火箭充满了兴趣，从玩具开始一路探索；后来在好奇心的驱使下，他又逐渐学会了父亲工作时所使用的工具，这使得他有能力更精巧地搭建自己的各类实验品。他甚至成功改造过气焊和气割所用的气体，开发出了一种能够使推动力更为强劲的全新燃料。他在读书期间一直通过帮助家里的伐木生意赚取学费，直至成为液体燃料发动机的工程师和开发者。马斯克常说，能将他招致麾下，是自己做过最好的投资之一。汤姆一边喝着咖啡，一边向我讲述他们是如何开发猛禽火箭发动机的，这台新型发动机将被用于 BFR 超级火箭，而在 2019 年 8 月它也被装载在了星斗试验飞行器上，使其在得克萨斯沙漠上成功完成了初次试飞。

马斯克团队中另一个值得注意的角色是格温·肖特威尔

（Gwynne Shotwell），SpaceX 的现任总裁。她是 SpaceX 招募的第 11 名员工，她从 2002 年开始与马斯克共事。她拥有科学、数学和工程方面的知识背景，曾效力于航天工业的顶尖企业，而今天她更是全球最具影响力的女性之一。她幽默风趣，直率而富有远见。我记得曾经和她及其团队成员在一个装饰性燃气壁炉前进行讨论，虽然那时是加利福尼亚的夏天，但炉火还是熊熊燃烧着。我们的话题简直天马行空，不仅聊起了宇宙辐射对前往火星的宇航员可能造成的危害，也谈到了在星际旅行甚至登陆火星之后该如何（使用大型超导磁体）对宇航员进行保护，我们还讲到了哪些科学仪器应该被带上这颗红色星球以及它们的用途，此外还谈及量子力学以及它的应用，当然最后，也少不了畅想一番可以进入行星轨道探索宇宙的强力火箭。

在欧洲，我只有在大学或专业研究领域才有可能进行这样的探讨。我几乎很少有机会与企业高层进行类似的对话，因为光是企业在经济社会层面的管理就已经令他们应接不暇了。

而在公共领域，人们更是常问究竟如何才能平衡生产与研究之间那愈发巨大的差距。我可以直说，我们所要做的就是观察美国工程师是如何管理新兴创业项目的，同时仔细考虑企业经理为了在行业内获取信任而必备的技术知识深度。当然不可否认的是，在美国也存在着许多律师比工程师作用

更大的公司，但美国的行业生态，他们的工作方式以及企业
承担风险的能力，有能力支持创新企业去挑战业界巨头。

而这正是我们欧洲尤其意大利应该进行深刻反思并采取
严厉措施的地方。正如 SpaceX 所展示的那样，今天乃至十年
内，我们都还有机会去彻底改变整个行业，将大型火箭引入
民用市场。换言之，太空不仅是孩子的梦想，也同样是成年
人的追求。而在这一点上，许多人都与马斯克达成了共识：
亚马逊的杰夫·贝索斯（Jeff Bezos），不久前去世的微软的
保罗·艾伦（Paul Allen），维珍集团（Virgin）的理查德·布
兰森（Richard Branson），提出突破倡议[1]的尤里·米尔纳
（Yuri Milner），都是其中的佼佼者。这些著名企业家们在太空
以外的领域里取得了成功，而后又对太空冒险进行大力投资。
贝索斯在 2000 年创立了蓝色起源公司（Blue Origin）。这家
公司开发了一架可回收火箭和一个可回收舱，并在 2015 年
成功飞越了所谓的卡门线（Kármán line），即海拔 100 千米
的高度，也就是传统意义上分隔高层大气和太空的界线。贝
索斯随后启动了另一个大型火箭的开发项目，那就是"新格
伦号"（New Glenn），该火箭同样可被回收并进行重复利用。
从小向往太空的贝索斯，渴望为我们的后代搭建一个足以完

---

[1] 突破倡议是由俄罗斯科技业富豪尤里·米尔纳于 2015 年创建的计划。该计
划准备在十年内投资 1 亿美金寻找外星生命。

成太阳系环游的运输系统，月球、火星，甚至木星和土星的冰冷卫星，都将成为未来的旅行目的地。为了实现这一目标，他每年出售约 10 亿美元的亚马逊股票，为这个项目进行私人融资。

米尔纳我们一会儿再聊。现在让我们移步到莫哈韦沙漠，来认识一下艾伦和布兰森的梦想。

30

航空曙光

从飞机到太空飞机

如果说世上有一个地方持续不断地创造着世界纪录，那么这一定是位于美国加利福尼亚州莫哈韦沙漠的航天发射中心，一个航天学界的传奇之地。到访那里时，我感觉自己仿佛进入了一部电影。当地小型机场的餐厅墙壁上，贴着航天历史上的最新壮举，简直就像《星球大战》里那个星际酒吧的地球版。虽然没有怪物，但主角们的光环绝对毫不逊色。就在这里，在这些位于机场跑道附近的小房子里，诞生了许多航天界最前沿的创新。

缩尺复合体公司（Scaled Composites），由史上最杰出的航空工程师之一，伯特·鲁坦（Burt Rutan）于1982年创立。他曾设计了46架不同种类的飞机，其中五架在位于华盛顿的美国国家航空航天博物馆展出。他所设计的"鲁坦航海者号"

（*Rutan Model 76 Voyager*）飞机，在 1986 年由他的兄弟迪克驾驶，历时九天，完成了人类首次不间断的环球飞行。

而鲁坦本人则在 2004 年赢得了安萨里 X 大奖[1]（Ansari X Prize），随后他又在微软的保罗·艾伦的资金支持下，成功制造了"太空船 1 号"（*SpaceShipOne*）。这是一架外观可变化的新型航天飞机，由一台固体火箭发动机驱动。它在 2004 年 9 月 29 日和 10 月 4 日两次成功跨越了 100 千米的高墙[2]。它的最高时速可达 3 马赫[3]，约 3600 千米 / 小时。保罗·艾伦和伯特·鲁坦接着在 2011 年成立了平流层发射系统公司（Stratolaunch Systems），并推出了同温层巴士（Stratobus）：这是史上最大的飞机，能够从 15 千米的高空发射体型巨大的火箭，在近地轨道上的最大荷载更可达 6 吨。而容纳同温层巴士的巨型飞机库，就坐落于莫哈韦沙漠中。也正是在这里，这架飞机于 2019 年 4 月 13 日完成了它的第一次也可能是最后一次飞行。事实上，随着公司主要投资人保罗·艾伦的逝世，公司也中止了这项计划。而同样坐落于莫哈韦沙漠的，

---

[1]　安萨里 X 大奖，是 XPRIZE 赞助的太空奖项，提供 1000 万美元奖金给予第一个在两周内发射两次可重复使用的载人飞船进入太空的非政府组织。它以 20 世纪初的航空奖项为蓝本，目的是推动低成本的太空航行。

[2]　即卡门线。

[3]　马赫数（*Ma*），是流体力学中的无量纲数，表示飞机、火箭等在空气中移动的速度与局部音速之比。

还有维珍银河公司（Virgin Galactic）。这家公司由英国企业家理查德·布兰森创立。他通过唱片、民航飞机再到健身房等不同商业领域成功开拓了维珍的事业版图之后，于2011年踏入航空领域，志在打造人类历史上首个太空之旅。根据美国空军和海军的规定，只有飞行高度超过80千米的人才有资格被称作航天员[1]。为了让更多的人，不仅是航天员群体，有机会得到这一殊荣，布兰森购买了"太空船1号"的技术使用权，准备借此开发一个更为大型的版本，也就是"太空船2号"。同时他还计划提供位于海拔80千米以上的商业航空服务，可在海拔80千米以上停留几分钟，仅限6名乘客，人均费用25万美元。不难想象，这个计划引发了剧烈轰动，前600张船票瞬间售罄。不过，技术以及策划上的难度让这个项目的面世时间比预期推迟了很久；当然还有其他因素的影响，如发生于2014年的一场事故，造成了当时一位试飞员的离世。但不管怎样，2019年2月，"太空船2号"在两位飞行员的领航下终于初次携带一名乘客进入了轨道，逐渐向着商业化路线迈进。而这，将在随后于美国的另一片区域——新墨西哥州的沙漠中实现，布兰森也在这里建立了美国航空港，那是一栋未来风格的建筑，未来的游客或者说航天员们即将

---

[1]　中国"航天员"的称呼来自钱学森的定义："航空"指大气层内，"航天"指大气层外到太阳系内，"宇航"指太阳系外。

在这里接受训练。我到访位于莫哈韦沙漠的维珍银河总部时，有幸先后在模拟器和飞行中体验了"太空船 2 号"那刺激无比的亚轨道飞行[1]。而在访问行程的最后，维珍团队的一位意大利飞行员，前意大利空军成员尼古拉·佩奇勒（Nicola Pecile），还带我在航空港内试飞了一次单引擎航空器，让我领略了一把"太空船 2 号"返航时所采取的特殊着陆方式。在这个过程中，太空飞机[2]（spaceplane）将不再使用火箭发动机，而是被迫像航天飞机一样，利用机翼的升力和空气摩擦所产生的阻力着陆。

　　飞行途中我意识到，莫哈韦的这片区域尽管风沙漫天，但绝非一片简单的沙漠。它极端的环境条件和稳定的气候，为这类活动提供了理想场所。在航空港的不远处，还有爱德华兹空军基地，以及其他一些小型机场，其中一些机场还会为成千上万的飞行器专门保留临时或永久停机坪。巨大的太阳能板在阳光下闪闪发亮，远处还有测速用的飞行赛道，这些赛道正是利用了这片沙漠盐滩平整、无倾斜的地理特征建造而成。

---

[1]　亚轨道飞行，指的是机体进入太空，但因其自身飞行轨迹与大气层或地球表面相交而无法完成一周轨道飞行的太空飞行。

[2]　太空飞机是一种被设计成先飞入太空再回到地表的航空器，将航空飞行器与宇宙飞船的特色合而为一。一般来说，它的外形就像装上机翼的太空载具。它的推进方式可能是直接采用火箭或者是使用需要吸入空气的引擎。

那么现在也许你会问了，以维珍银河公司的亚轨道飞行为代表的太空之旅，是否即将开启商业航空的全新阶段？不久之后，我们是否可以在极短时间内抵达这颗星球上的另一座城市？我们有可能建立所谓的点对点亚轨道飞行，用太空中的高速移动取代大气中的低速飞行并大幅缩短飞行时间吗？事情没有这么简单。如果亚轨道飞行想要有效对接两个相距1万千米的城市，那么飞行器在离开大气层时就必须要达到与卫星发射时相似的速度，也就是约22马赫，一个只有火箭发动机的推进力才能达到的速度。冲出大气层之后，"太空船1号"和"太空船2号"会迅速降速至3马赫，仅是之前的1／7，这也就意味着它的动能减少到之前的1/50。但也正是这种限制，使这架鲁坦设计的太空飞机，在符合空气动力学原理的同时，还能保持外形的优雅纤细，几乎与普通飞机无异。在这种情况下，飞机返回大气层时消耗的能量便能够得到控制，而机身表面也不再需要进行特殊的热绝缘。不过，在上升和返航阶段飞机机翼承受的极高外部压力迫使"太空船1号"的外形必须根据空气动力学进行变化。不得不说这是个绝妙且创新的解决方案，唯一可惜的就是它无法运用在更高的速度下。

那问题出在哪里呢？问题就在于，一旦飞机以高速冲出大气层之后，我们便需要考虑如何在回程的时候进行降速，也就是将聚集的能量进行消散——简单来说，就是刹车。飞行器的刹车系统只能通过两种形式激活，要么利用推力与行进方向相反的火箭发动机，要么利用空气阻力。第一种方案除了配备数量可观的燃料，还需要在前期进行一项特殊操作，那就是翻筋斗，以便让火箭发动机掉头转向。

如果像载人舱返航时一样利用空气阻力刹车，那么就需要对太空飞机进行保护，以免它受到极限表面温度的侵害。这种情况下通常会用一些特殊材料，不过它们有一个缺点，那就是增加结构的重量，这意味着火箭发动机在发射之际所需的功率也将随之增加。这就像追着自己尾巴跑的狗一样，是一种连锁反应。想想航天飞机：为了能将它们发射进轨道，我们不得不使用超过其自重近80倍的外储箱和发动机。而返航着陆的航天飞机，我想我们都记得，外观十分粗壮，这是因为机身与空气阻力进行摩擦的部分都被包裹了一层精巧的隔热保护层。

可以说，目前对这个问题，我们还没能找到什么解决方案，除了前面介绍过的马斯克为殖民火星所研发的BFR超级火箭：这台强力的可回收火箭，搭载使用液体燃料进行驱动的发动机，能够在携带十几名乘客的情况下推进至20马赫。根据这个计划，在太空中航行了必要距离之后，BFR超级火箭将会翻转，刹车并重启引擎，以便在重返大气层之前大幅降速，最后再次通过重启引擎进行刹车，垂直着陆。

　　这也意味着，BFR超级火箭将不是一架普通的太空飞机，而是一套完全可回收、可重复利用的发射系统，一个全新的航空航天运输系统。无论目的地是地球或是其他星球，这显然都是推动航空航天商业化进程的关键一步。

$\boxed{31}$

相邻星球的曙光

冲出太阳系

正如 20 世纪 60 年代一首广告曲所唱的，"天上繁星密布，成千上万"。今天我们知道，仅我们的银河系里便存在着数以亿计的星星，再加上其他可见星系，更是数不胜数。距离太阳最近的恒星是比邻星，这是一颗红矮星，位于半人马座，是半人马 α 三合星当中的一颗，距离我们 4.22 光年。让我们来看看这个数字意味着什么。我们可以拿太阳系做对比，它的大小约为 15 光时[1]；美国国家航空和航天局于 45 年前发射的空间探测器"旅行者 1 号"，在约 35 年之后才抵达了太阳系边界，也就是日球层顶[2]。我们简单计算一下，按照这

---

[1] 光时是长度单位之一，指光在一小时内在真空中传播的距离，1 光时约等于 1.08×10^{12} 米。

[2] 日球层顶也称为太阳风顶，是天文学中表示出自太阳的太阳风遭遇星际介质而停滞的边界，也就是太阳圈和太阳系外星际介质的交界处。

个速度，需要9万年才能抵达半人马 α（即南门二）——就连我们前面介绍过的耐心满满的超级英雄水熊虫，怕是也难以忍受如此漫长的旅程！

那难道我们就注定被困在太阳系之内吗？应该说，这是个关于速度的问题，如果想要在合理的时间内走得更远，那就必须加快速度。最近一个世纪以来，从诞生于19世纪末的首台量产汽车、时速61千米的传奇——"侯爵夫人"，到发射于1977年、秒速17千米的"旅行者号"探测器，人类制造的设备所能达到的最高速度已经提升了1000倍。那么宇宙飞船的速度还能加快多少呢？事实上，在抵达不可逾越的极限——光速之前，还有2万倍的可提升范围。在下一个世纪，我们还能继续提升1000倍吗？又是哪一种推进力能将我们带至其他星球呢？

我们熟知的火箭发动机，是建立在燃烧产生的激烈化学反应之上，依赖作用与反作用原理进行工作的：从火箭喷口喷射出的火焰，会将机身整体往相反方向推进。但这种系统所推进的速度，是无法超越"旅行者号"探测器的。为此我们需要另一种排气更为迅速的方案，而这或许可以通过在发动机中设置电场，对电离原子束进行加速来实现。不过这样的系统需要大功率来驱动，而这样又会限制它所能企及的最大推力。如果想要为火箭发动机增加可用能量，那么火箭燃料就必须像核反应堆一样，拥有释放大量能量的能力。然而这种类型的火箭建造起来极为复杂，以至于目前我们还停留在原型制作阶段。

事实上，我们真正应该改变的是方法，毕竟，唯一能够将物体加速至与光速相近的，就是光本身！密集的激光光束可以将一颗装载在太阳帆[1]飞船上的小卫星推进至高速。但遗憾的是，光对太阳帆的驱动率极低：若想要将一颗质量约为 1 克的迷你卫星提速至光速的 1/4，那么就需要在短短几分钟内发射一束功率高达 100 吉瓦[2]的激光光束——这个数字足以给 1/4 个欧洲供电！

这个挑战确实困难重重，但就技术而言，其实相当可行。或许某一天，我们会发射出能够抵达比邻星的皮卫星（picosatellite）。这个想法充满了魅力，吸引了尤里·米尔纳——身家过亿的以色列籍俄罗斯金融家。他毕业于莫斯科大学（同样也是萨哈罗夫[3]的母校）的理论物理系，并决定为这个计划投资 1 亿美元，组建一个科学技术团队，进行最

---

[1] 太阳帆也称为光帆，是使用巨大的薄膜镜片，以太阳的辐射压作为宇宙飞船推进力的一种计划。不同于火箭的是，太阳帆不需要燃料。推进力虽然很小，但是只要太阳继续照耀着，太阳帆就能维持运转。

[2] 功率单位，1 吉瓦等于 10^9 瓦。

[3] 萨哈罗夫（Андрей Дмитриевич Сахаров，1921—1989 年），苏联物理学家。20 世纪 50 年代负责研制氢弹并成功，被称为"氢弹之父"。

前沿的科学研究。

2012 年，米尔纳和妻子茱莉娅共同设立了"突破奖"，次年同名基金会便吸引了另外两对著名夫妻的加入：谷歌的创始人谢尔盖·布林（Sergey Brin）与 23 and Me 的创始人安妮·沃西基（Anne Wojcicki）夫妇，脸书（facebook）的创始人马克·扎克伯格（Mark Zuckerberg）和其妻子，陈和扎克伯格基金会（Chan-Zuckerberg Initiative）的创始人普莉希拉·陈（Priscilla Chan）。这个奖项意在与诺贝尔奖展开竞争，对物理、生物和数学领域的杰出成就（众所周知，诺贝尔奖并未设立过数学奖项）进行奖励。它的奖金将是诺贝尔奖总和的三倍，并不再遵守瑞典皇家科学院所设立的规则。例如，它允许参与科学合作组的上千位研究人员共同分享奖金，就像发现希格斯玻色子或引力波的研究团队那样。从 2012 年至 2017 年，突破奖共发放了约 1.8 亿美元。颁奖晚宴在美国洛杉矶举行，群星荟萃，好莱坞明星和美国各界名流都会出席——相比瑞典人传统克制的颁奖典礼，这边显然更加华美盛大。

突破基金会还管理着米尔纳资助的科学活动，其中包括突破摄星——一个计划向半人马 α 发射微型探测器的项目。该项目旨在让探测器在 12 至 14 年间到达该恒星系统，拍摄照片并传回，这些图像将在四年之后抵达地球。我曾多次受邀来到米尔纳位于硅谷山顶的别墅，参加科研年会，专门就关于宇宙生命的研究进行探讨。会议由突破摄星项目负责人——前美国国家航空和航天局艾姆斯研究中心主任皮特·沃登（Pete Worden）主持。研讨会传达了一条明确的信息：只要不违反物理定律，任何建议和想法都有望被采纳。这些讨论振奋人心，智慧超群的与会者们在一系列难题面前，提出了许多无与伦比、极具科学创意的方案。在其中一场会议上，大家讨论了如何让太阳帆能够承受住从地球射向半人马 α 的极强光束。而在另一场会议上，大家又探讨了如何使用几平方毫米的硅建造一个皮卫星，将集成电路直接覆盖在卫星表面。我们甚至还聊到，如此漫长的旅程将会带来多么巨大的辐射伤害——当然，这一点显而易见。时间就这样在不知不觉中悄然流逝，如果你给优秀的科学家抛出一个复杂的难题，那么他们必将竭尽所能找出最优解。

像突破摄星这样的计划的确令人振奋，因为它代表着人类已经在逐步迈出太阳系，并由此成为马斯克所希望的星际生物而非简单的行星生物。那么显然，我们需要将熟知的"旅行"概念进行更新。正如此前强调的那样，如果我们想要接近光速，那就必须将宇宙飞船的体型大幅缩小——这一切是不是似曾相识？大自然是不是也曾以同样的方式，在不同星系间播撒过生命的种子？而事实上，信息传播远比质量转移来得便捷。天晓得这些类型的研究最终会把我们引向何方。但无论如何，试想一下，万一某天有一颗皮卫星能够有幸抵达半人马 α，并拍下一张自拍照传回给地球上的我们，那该多么有趣呀！

天晓得在这样一颗三合星系统中所看见的星际曙光会是什么样啊！

[32]

卫星越来越多，越来越小

小卫星风潮

我们是否正在进入空间探测的一个全新阶段？科技将向什么方向发展？未来还有什么机遇在等着我们？前面我们已经介绍过，私人企业在这样一个几年前还被政府和机构垄断的领域里强势登场。当代的太空英雄马斯克、贝索斯、米尔纳、布兰森、艾伦，其实都未曾真正进入过太空。他们是坐拥科研技术的企业家，手握大量个人财富与企业资产。莱奥纳尔多·达·芬奇需要赞助者的资助来制造新的机器，绘制优美的油画；伽利略需要大学提供的讲席，才能用他的望远镜进行宇宙研究；爱因斯坦也是同样才得出了他那极具革命性的理论，尽管此前他曾在瑞士一家专利公司工作，凭借一己之力进行研究；布劳恩更是在德意志第三帝国研制出了 V2 火箭，后又在美国国家航空和航天局的支持下成功开发出了

"土星5号"运载火箭。今天，在全球范围内，太空冒险的主角几乎已不再是宇航员，而是一批过去不曾存在的角色：他们的主要特点是能力出众，富有远见和领导能力，更重要的是，具备支配大量资源的经济实力。

在正确角色的领导下，科技革命可以为我们铺平一条通往未来的道路。卫星小型化所掀起的革命，正是一个与当下息息相关的案例，而行星实验室（Planet Labs）的故事，更是完整展现了其中的来龙去脉。那么让我们来看看这究竟是什么。2010年，美国国家航空和航天局的三名工程师——克里斯·博斯韦尔森（Chris Boshuizen）、威尔·马歇尔（Will Marshall）和罗比·辛德勒（Robbie Schindler）共同启动了一家创业公司，很快三人便在美国加利福尼亚州的一个车库里将它取名为行星实验室。他们的想法是制作一种袖珍卫星，它外形紧凑，成本低廉，被称作"立方体卫星"（CubeSats）；同时他们打算借此来搭建用于地球观测的卫星星座（卫星星座是指一组数量繁多的卫星，以协调同步的方式进行工作）。仔细看来，这想法合情合理：在最近20年里，科技确实在电子元件小型化和节能化方面取得了显著进步。我们每个人口袋里都携带着的手机，其实就和一颗卫星相差无几，一切功能都被集中在了这小巧的体积上。它可以进行通信和地理定位，内置了一台电脑用于图像采集和分析，拥有一颗充电电池。此外它还配备了一个稳定的系统以及太阳能板用于电池充电，它几乎能够完成卫星能完成的许多事情。当然了，我们也必须区分清楚，单颗袖珍卫星在测量功率和精度上的确无法与大型卫星相抗衡；但同时，大型卫星也不可能在同一时间遍布轨道——而我们即将看到，拥有无数双协同合作的眼睛，有时候代表着一种无可匹敌的优势。

2013 年，四只被称作"信鸽"（Doves）的初版原型机被发射进入轨道，几个月后行星实验室便宣布，国际空间站将于 2014 年 2 月发射由他们搭建的一个由 28 只卫星组成的卫星星座。行星实验室的成功如雷电般迅疾，灵敏的投资者嗅到了商机，更是迅速行动了起来，在两年的时间内便为项目投入了 1.83 亿美元股本。直至 2018 年底，行星实验室已经发射了超过 300 颗卫星并成功上市，成为新太空经济领域的两家独角兽企业之一（另一个便是 SpaceX）。独角兽企业指的是市值 10 亿美元以上的私人初创公司。

但行星实验室的卫星的实际价值到底是多少呢？首先，它的空间分辨率（也就是记录图像细节的能力）并不出众，约为 3～5 米。但这些卫星星座的决定性优势在于能够每天对地球上的任意一点进行一次成像。而以高分辨率监测地球的大型卫星，根据各自运行轨道的不同，通常需要 5～12 天的时间才会重新经过相同位置。如果专门为它们划分一个特定区域，它们也可以做到每日一次的巡逻观测，但这势必要牺牲其他可观测范围。而这个所谓的微型重访周期，在监测以日为单位的人类和自然活动时，起到了关键作用：它们所拍摄的图像，将在农业、社会、海洋、地质、基础设施建设以及经济领域里体现出重要价值。行星实验室的图像，从根本上改变了我们看待地球的方式；它们高频率地重访，收获了一系列前所未有的惊人发现。例如，在中国南海的环礁附近，我们可以清楚地看到中国为对这片海域进行管控而逐步建立起的港口和堡垒。但新奇的是，你会发现，就连越南，也在部分小型环礁开始了动作！

又比如我们还能看见非洲偏远地区的难民出逃，人迹罕至的亚马孙雨林里那日渐严重的森林砍伐，以及地球上所有国家的水源、天然气以及石油资源的每日变化。空间数据显著补充了地球数据库，为大数据的精密分析提供了素材，并将许多容易被忽视的现象提上了台面。

而这场革命才刚刚打响。如今每年我们都要往太空中发射上百颗纳米卫星。从经济角度来看，组建一个百位数级别的卫星星座其实并不昂贵。花费最大的部分是发射。而考虑到它们通常会很快返回大气层并就此被销毁，我们会每隔几年进行再次发射。而值得一提的是，这些仪器不仅仅被用于地球观测：由纳米卫星组成的小型卫星星座在许多领域都能发挥惊人的作用。例如，量子通信中的量子密钥分发[1]显然会让银行业界充满兴趣；又或者是物联网[2]——让我们想象一下，某个面向全球销售产品的公司，它需要维护、修理、供应等各个环节来组建生产链，而所有这些数据都可以由一个小型的卫星星座进行采集，在此基础上便可以优化物流，降低成本。同样在科研领域，它也起到了显著作用：我们对地球的不少特点的研究，例如太阳风和地球磁场的相互作用等，也都从太空中的多点测量以及数据采集中受益良多。

如今这个领域正处于快速的发展和扩张中，当下已经有机构在着手研发由成千上万颗卫星组成的巨型卫星星座。例如 OneWeb，一个利用 700 颗卫星，意在将互联网覆盖于全球的计划；以及马斯克，他直接推出了由 1.2 万颗卫星组成的星链计划（第一批 1400 颗卫星已经于 2021 年 6 月进入轨道），

---

[1] 量子密钥分发是利用量子力学特性实现密码协议的安全通信方法。它使通信的双方能够产生并分享一个随机的、安全的密钥，来加密和解密消息。量子密钥分发最重要也是最独特的性质是：如果有第三方试图窃听密码，则通信的双方便会察觉。这种性质源于量子力学的基本原理：任何对量子系统的测量都会对系统产生干扰。

[2] 物联网，是通过各种信息传感设备，实时采集任何需要监控、连接、互动的物体或过程等各种信息，与互联网结合形成的一个信息化、智能化、可远程管理控制的巨大网络。旨在实现物品与物品，物品与人员，物品与网络的连接，方便人员对物品的识别、定位、管理和控制。具备通用唯一识别码（UUID）。

目的与前一个项目相同，但频带宽度[1]更大。毋庸置疑，马斯克的优势就在于其拥有 SpaceX 研制的火箭，他可以借此有效削减发射成本。值得注意的是，早在过去，尤其是 20 世纪90 年代末，卫星星座便已经被视为解决通信问题的有效方案，当时不少大型投资都进入了这一领域，并信心十足地预测移动电话将从蜂窝网络切换至卫星网络。然而今天我们都看到了，当时这个预测是错误的。事实上，卫星网络的进一步发展主要依靠地面基站，同时移动电话的成本越来越低，功能却越来越强大。而在 20 年后的今天，航天工业准备再次对此进行尝试。当然，今天的目标、成本和市场战略，尤其是科技，早已焕然一新。如果说一方面，这些新颖强大的卫星星座将可能带来有趣的成果，那么另一方面，我们也需要评估这一切可能带来的不可忽视的后果：这项技术的应用，将使我们投放于地周空间的工作卫星数量增加十倍，随之而来的便是地球轨道内危险物的增加。

让我们回到小卫星。不得不说，它们的应用前景显然更为广阔，甚至可以被投放于地外空间。不少月球或行星探索项目都已经开始利用纳米卫星进行研究：它们既可以被直接发射，也可以由大型卫星携带进入太空后，选择恰当的时机再被放置于行星轨道上。意大利航天局与美国国家航空和航

---

[1]　信号占据的带宽是指能够有效通过该信道的信号的最大频带宽度。

天局计划了一项合作，共同访问一个由两颗相互绕行的小行星——迪迪莫斯[1]（Dydimos）和迪迪蒙（Dydimoon）——组成的系统。美国国家航空和航天局的大型卫星负责对迪迪蒙进行撞击，而意大利的纳米卫星则负责记录撞击画面并将图像传回地球，供人们分析。在火星乃至对木星卫星的探索项目中，我们相信小卫星将通过它们更为多样的功能和更为经济的成本，展现出足以取代传统卫星的实力。

那么最近十年里又是什么加速了这场小卫星的研发竞赛呢？事实上，并没有什么特别的技术进步能解释这阵突如其来的风潮。实际上，许多事物的诞生和发展也都没有什么特定的原因。简单来说，这只是某个人利用自身能力，在适当的时间里，把握住了这样一个机会。这让我想起了一件小事。早在小卫星尚未流行的年代，我便对这个领域充满兴趣。那是 2000 年左右，我向位于（意大利）特尔尼的佩鲁贾大学提议建立一个空间研究实验室，并成功赢得了一笔大学资助。得益于这笔经济支持，我们在 2005 年搭建了意大利大学史上最为大型的太空仪器研发实验室。随后在我们与美国国家航空和航天局合作开发阿尔法磁谱仪的过程中，它也被投入使用。（详见第 28 章）当时的我，带领意大利国家核

---

[1]　迪迪莫斯，来源于希腊语 Dimorphos，意思是两种形态，寓意这个双小行星系统拥有两颗行星。

物理研究院以及其他各大国内高校的科研人员进行空间探测已超数十载。我们所有人都对进一步拓展这个领域满怀激情与期待，我们都希望有朝一日能不再受制于大型企业。这个实验室专门开辟了一片区域用于小卫星的研发——尽管这个概念在当时还没有被完全定义，但已经开始逐渐引起了人们的兴趣。我们向意大利航天局提出了一系列计划，然而当局在2005～2013年却不够重视甚至完全忽略了这样一项科研创新：我们提交的计划没有一个被批准。最终我们只得到区政府的一小笔拨款，而小卫星的研究却停滞不前，实验室的那片区域也始终未能被使用。

我之所以讲述这个小插曲，并不是说行星实验室这样一个极具野心的强大计划当年也可以诞生于特尔尼——事实上我也并不能排除这样一个可能性。车库和小型实验室遍布全世界，就像年轻的头脑和好奇心一样。行星实验室的创始人们在一个以发展航天工业为首要任务的国家机构——美国国家航空和航天局——中得到了历练和成长，而当时的我们，也同样来自高校科研界，并与美国国家航空和航天局以及意大利国家核物理研究院合作超过十年。无论是哪一方的科研人员都充满了动力：我们会随时间成长，也会吸引同样充满兴趣的优秀年轻人加入团队。然而当项目强度和投资质量需要提高的时候，我们的差距就逐渐浮现了出来，就像时常发生的那样，当美国团队能在短时间内迅速找到私人投资者时，我们意大利人，在缺乏类似的风险资本投资关系网的情况下，只能求助于机构拨款，一旦没有回应，那么我们便错失机会。十年后，当我自己成为意大利航天局局长时，便立刻推动了几大重要计划，其中之一，便是在任期内发展出一条以小卫星研发为主的国家级高科技产业链。这个项目的最终目标在今天也已经顺利达成，那就是让意大利在这一关键产业里得到发展。行星实验室已经在全球范围内取得了成功，但科研和实验的领域是如此广阔，只要计划得当，仍然还有许多空间值得开拓。早在 2015 年我就得知，有其他欧洲国家的航天局对意大利航天局这个争分夺秒的新计划羡慕不已。我始终相信，如果早在十年前，在探索宇宙的曙光初显之际就把握住机会，那么一切肯定会发展得更好。尽管当时能否成功，实事求是地说，也并不明朗；但反过来说，最先行动的人也最有机会获得成功——这也正是后来发生在行星实验室的故事。

[33]

未来的曙光

去向何方

　　贯穿我们整本书的概念，曙光，可以被想象成一段旅程：从黑暗到光明，从不存在到存在，也可以从现在到未来，甚至从无知到了解——得益于科研进步，这一切每天都在发生着。我们从宇宙诞生的时刻出发，终于来到了我们身处的今天。那么现在，就让我们再试着往前迈出更为艰难的一步，去看看我们即将通往何方，以及那尚待我们揭秘的一切。

　　正如我在前几章中介绍的那样，我们首先要从既定事实出发：围绕着我们的宇宙，在时间和空间上都没有界限，而我们似乎是个渺小的存在。那么，我们是不是要因此而将自己视作无足轻重呢？我不这么认为。恰恰相反，真正值得惊叹的是，我们能够意识到自己的存在。我们作为智慧生物拥有认识和改造现实世界的能力，这确保了我们这样一个现存物种拥有漫长的未来。然而，我们还得确保人类能够在适当的条件下抵达这个未来。遗憾的是，在这层意义上，我们无法做出任何保证。最近一个世纪里，人类在地球上的生存方式已经从根本上改变了生态平衡。回想一下，今天人类制造和消耗的能量，几乎已经可以与维持板块运动的能量相媲美。总之，正如广泛证实的那样，正是我们自身的存在，为环境带来了不可忽视的影响。这样的事件并不是初次发生，我们可以回忆一下蓝藻的命运：直至30亿年前，这种微生物都主宰着生态系统，它们利用二氧化碳合成氧气，并大幅提升了大气中的含氧量，以至于其物种本身也因这过高的含氧量而濒临灭绝。

而现实是，我们眼下没有多少时间了。如果未来几十年里我们还没能改善这一情况，那么在前方等着我们的将是灾难性的后果。特别是气候变化，它将带我们倒退至300万年前智人还不存在的年代。我们的生存，将取决于我们的技术开发能力，我们需要借此降低对环境的影响，同时采取一系列与地球可用资源相协调的措施。唯有当我们的智慧能够抑制人类落后又极具侵害性的本能，当政治和社会拥有足够的远见愿意跟随科学的指导时，我们才能拥有一线生机。

我们人类这一物种诞生自35万年前，一直存活至今并缓慢发展着，以持久的战役，对抗着更为强壮、适应能力更强的动物们。我们曾经完全被觅食和繁殖等原始欲望所驱使，常年引发不同种群之间的暴力冲突，听任这神秘不可预测的凶残天性。从进化的角度来看，毋庸置疑，是智力的差异使我们在短时间里巩固了在这颗星球上的地位。不过，我们所习惯的是对抗敌人，而不是对抗自己人；我们习惯于开疆辟土，扩大活动范围，而不是退避三舍。无论是作为个体还是社会群体，我们总是尝试突破外部所施加的限制。当然不可否认的是，在人类这段相比宇宙而言极为短暂的历史中，我们还是第一次获得像当下这般非凡的丰富资源：即使世界上还有许多人生活在贫困线以下，但已经有数以亿计的人可以接受教育，享受医疗保障以及高质量的食物和住宿；然而这一切同时也要求我们必须采取比从前更为合理有效的方式进行资源利用。

如果环境问题能够得到解决，那么我们可以期待，直至21 世纪末或 22 世纪，都不会有全球性灾难发生。我们已经知道，20 世纪是属于物理学、天体物理学和宇宙学的世纪，那么人们不禁要问，21 世纪的科学将是什么呢？会是通过 DNA 测序揭秘生命机制，利用潜力无限的人工手段从根本上改变人类命运的生物学吗？人类殖民月球、殖民火星，用机器人对遥远的其他行星进行探测，对相邻恒星的探索将成为可能——那么或许，太空才是未来的"新大陆"？又或者，这时代属于大规模提高了我们的科学计算能力，从而扩展了我们对世界的理解的人工智能？ 2017 年谷歌 Deep Mind 开发的算法 AlphaZero，在四小时内独自学会了国际象棋，然后击败了世界上最强的 CPU（中央处理器）象棋引擎 Stockfish。比起 Stockfish 的计算程序，AlphaZero 每秒需执行的操作仅是它的千分之一。AlphaZero 还拥有一个巨大优势：注意，它不是由人类编程写就的。它完全自由地采取最佳策略，行动并将死对手，甚至能排布出我们从未见过的棋局。

又或许在 21 世纪，一切将同步并行。我们所瞥见的黎明曙光，正引导着我们迈向这样一个结果：除非发生如世界大战或自然灾难等无法预测的严重事件，否则科技革新将继续呈指数级增长，而其成果将通过精密的计算系统进行管理。

例如，在物理学上，适用于复杂系统的法则将更为频繁地出现。我们将逐渐理解并掌控非线性现象，即结果与原因不成正比。至于计算机，我能肯定，它将在科学探索领域起到越来越重要的作用。它能模拟出无数的具体案例，也能进行大量数据的分析。但至于它是否能在想法和视野上——这两大真正帮助我们了解物理世界的途径——带来重要变革，我表示怀疑。简而言之，如果想要揭露暗能量和暗物质的奥秘，比起 AlphaZero 的系统性，我们更需要的是爱因斯坦式的创造力和独创性，或者应该说，是这二者的结合。

  同样，生命科学领域也持续着惊人的进展。正如大家所知，我们已经能够对 DNA 进行编辑，也掌握了 DNA 在细胞形成过程中所起的作用，而这一切为我们带来了无限的发展机遇。在这个领域里，人工智能所起到的作用将不再是一星半点儿，而将显著增大。它将在生物和医药领域里大放异彩。因为生物机制是建立在一系列基础的化学过程之上的，那么计算机的协助就会变得至关重要。此外，遗传学压倒性的力量，迫使我们不得不面对一系列基础的伦理问题：首先也是最重要的，便是我们作为凡人的命运；同时我们也应该对动物乃至人类遗传密码所进行的人为操纵进行严格管控，明确实验阈值。这种情况下，我想，计算机同样也没有能力为人类厘清这一系列想法。

  至于空间探测，我们前面已经介绍过航天工业的飞速发展，以及由人类或机器人进行探索的前景。如果想要在其他星球上打造人类殖民地，并深入太空进行较长途的旅行，那么我们就需要从根本上对现有设备进行优化改良。而事实上，一旦出现任何程序错误或零件损坏，那么我们将很难再对它进行人为干预。既然过于复杂的系统无法保证完美的质量，那么人类势必要依赖于先进的技术。这就意味着，系统必须拥有独立修正错误的能力，还要将各类未知风险吸收消化。简而言之，无论微观还是宏观、硬件还是软件，这类科技都必须拥有自我修复的能力。就和这鲜活的世界一样，自我修复伤痕、填补裂缝、治疗"疾病"和辐射造成的损伤等。科幻电影《太空旅客》中的宇宙飞船"阿瓦隆号"正是被如此设计的：（看过电影的读者一定明白我的意思）它携带着5000名处于冷冻休眠状态的人类，在计算机的控制下，完全自主地航行了150年。根据生命体特征设计的"阿瓦隆号"能够持续不断地进行自我维护及修复。可惜的是，在地球以及现实中，这种技术根本不存在：我们的社会，还是太过于依赖消费主义和一次性使用。而只有当我们拥有了这类技术，人类才能从容不迫地着手火星之旅，或是通往太阳系的木星或土星的寒冷卫星的星际旅行。

　　另外有人认为，我们应该通过探索宇宙来解决地球的可持续性问题。他们相信空间技术能够让人类在另一颗星球上获得更美好的生活。我再次重申：不要自欺欺人。难道我们真以为自己可以将未来方向的选择权交付于其他因素（强大的计算机网络，替代地球的星球，或是无与伦比的科技）吗？难道要让其他事物来代替我们自己，决定未来的目标吗？我相信只有人类自己，才能为这些与人类本质密切相关的问题觅得答案。宇宙资源的确无穷无尽，但通向它们的道路，只能由人类自己铺就——为了达成我们自己的目标，获取我们自己的权益。那么首先我们需要做的，便是加强地球上数十亿几乎未曾受过教育的人的文化教育；同时构建一个包容性社会，让所有人都不仅成为参与者，而且受益于这呈指数型增长的科技发展。在这样一个共存状态下，便将诞生一种全新的人文主义。未来的人类后代，不仅需要具备从会引发战争和自然灾害的经济政治中脱身的能力，还需要妥善利用知识的力量：我们要将它与对我们共同命运的反思紧密结合，而不是相互分离。

在未来知识的话题里讨论人类的中心地位，听起来似有点匪夷所思，但其实并不尽然。在一系列缓慢的进程和持续的改变之后，我们的社会在狩猎、畜牧、农耕、手工艺、工业、企业和工程中逐步得到了进化。自工业革命以来，机器的出现，为人类劳动的效率以及每个个体生产的商品的数量带来了成倍增长，农业、工业以及第三产业皆是如此。近几十年来，在机器之上更是出现了计算机，它进一步提高了人类工作的灵活性和质量标准。人工设备的表现几乎在各个领域都超越了人类自身的能力，并逐步逼近更为精密核心的领域——人类智慧。诚如所见，机器已经在棋类以及其他游戏中将我们击败，例如称霸围棋界的 AlphaGo；而中国传统围棋，因游玩其所需的创意和战略思维，向来被认为是人类所独有的特色项目。

另外，还有研究更是着力于揭秘构建人类智慧的神经

生理基础。例如由欧盟委员会推动的"人脑计划"（Human
Brain Project）：这是一个投入约 10 亿欧元的研究项目，旨在
从细胞开始对大脑功能进行重建。这个目标的实现似乎困难
重重，因为即使是最强大的计算器也无法对人类大脑那独特
的复杂性进行演算。但问题在于，我们曾经也是这样看待棋
类游戏的，然而，后来大家都知道发生了什么。

　　而真正的问题来自另一个更为深层的疑惑，那就是我们
这个物种在地球生命演化中的作用。我们还能做自己命运的
主宰多久？我们在这场始于数十亿年前的演化中处于什么阶
段，又是否会有一天，我们将被机器所取代沦为配角？我们
这一物种是否像讽刺漫画中的樵夫一样，会砍下自己所坐的
树枝，又或者说我们会在愈发强大但受命于人类的机器辅助
下，成功殖民新的恒星系统？在这一点上，我毫不怀疑地相
信，人类智慧所展现出的杰出的可塑性和适应性，在这样一
条演化道路上，将有能力驾驭人工智能而不是被其奴役。相
反，人机协同作业将帮助我们实现许多人类今天还无法想象
的其他目标。不过这必然不是一条简单的道路。在达成这些
条件之前，我们将经历一系列革新，将看见一系列令人印象
深刻的激进的文化、行为模式和经济的改变。这就是为什么
我们需要在短时间内实现全新的人文主义，人类对哲学和伦
理的追求，绝不亚于对科学和技术的追捧。

　　说了这么多，那么还有什么东西等待我们去揭秘呢？答案简直无穷无尽。不过我们可以说，有些目标已经相当明确，而另外一些则更应该被称作愿景或远见。

　　暗物质之谜显然属于第一类。如果我们不是错得太离谱，那么必将出现一个答案来解释，究竟是什么占据了宇宙质量的80%。对物理真空性质的研究也为我们带来了不少惊喜：我们再次面对这样一个宇宙级别的数量惊人的能量，同样这一次，我们对它的本质也知之甚少。我们的另一目标，则是尝试构建一个完整的框架，将我们所生活的宇宙在时间和空间上的所有开放式尽头进行归纳。我们必须深入被量子力学所支配、以普朗克常量为表征的微观世界，去揭秘时间和空间是否是离散的；对于无限大，我们可以期待有朝一日能见到弯曲时空的技术，这将带我们前往宇宙中那些曾经无法到达的区域。换言之，我们这样一个充满探索之魂的物种，显然不会满足于被禁锢在茫茫宇宙一隅：我们强烈渴望着利用广义相对论原理遨游宇宙，就像《星际穿越》中所展现的那样。

　　而在那一天到来之前，宇宙生命的起源，将继续成为21世纪探索研究的焦点。我们没有理由绕道而行，毕竟目前没有任何已知的合理依据可以支撑"生命能且只能存在于地球上"这一假说。事实上我们知道——虽然我们已知的也就只有一点而已——宇宙中的生命数量，很可能多如繁星。在人类目前为止对太阳系行星和卫星所进行的短暂访问中，它们很有可能只是被我们忽略了。

这些都只是我们未来可以期待的一部分例子而已，这也有助于我们了解到，迄今为止，人类在知识探索之路上不过也就挪动了几小步而已。同时我们也将认识到，宇宙和它那无限的空间其实并不奇特：或许真正怪异的，是有意识对它们进行观测的——我们。

鸣　谢

若不是在生命中遇见了与我讲述经历、共享学识的许多人，大家相互传递对科学的好奇与热爱，那么这本书必然无法写就。虽然无法记得每一位的名字，但我依然由衷地感激他们。在这里我要特别致谢恩里科·阿列瓦（EnricoAlleva）、彼得·巴蒂斯顿（Pietro Battiston）、焦万纳·科斯坦佐（Giovanna Costanzo）、布鲁诺·贾科马佐（Bruno Giacomazzo）、罗伯托·尤帕（Roberto Iuppa）和马西米利亚诺·里纳尔迪（Massimiliano Rinaldi），最后我还要向玛丽亚·普罗迪（MariaProdi）致以双重谢意，以感激她在本书策划过程中为我提供的修正、提议和讨论方面的帮助。